物联网技术与创意

兰楚文　高泽华　编著

北京邮电大学出版社
www.buptpress.com

内 容 简 介

随着与人工智能、智能硬件、大数据、区块链等新技术的加速结合，物联网迎来了跨界融合、集成创新的发展阶段。本书从物联网创意应用的角度出发，阐述了物联网的基本知识、典型应用、体系架构、传感技术、关键技术〔包括无线传输技术（射频识别、NFC、ZigBee、Bluetooth、LoRa、5G、NB-IoT技术）、传感器网络技术、应用服务技术与云计算技术、安全管理技术等〕及物联网与各种最新技术融合的创意应用（包括与可穿戴设备、区块链、人工智能、无人机、AR/VR技术等融合的创意），力争从科学前沿的高度，使读者对物联网技术及其未来的应用和发展前景有一个全面科学的把握，旨在培养读者面向未来的物联网创新思维模式，以及提高读者利用物联网解决实际问题的能力。

本书前5章着重描述物联网的基础知识、技术、典型应用、未来发展。第6章着重介绍物联网与各种最新技术的融合创意，给读者以启示，起到抛砖引玉的作用。这些章节各自独立，层次分明，既自成体系又互相联系。本书力求理论与实践紧密结合，内容翔实、实例丰富。

本书可供从事物联网系统开发与应用、创业的工程技术人员自学与参考使用。

图书在版编目(CIP)数据

物联网技术与创意 / 兰楚文，高泽华编著. -- 北京：北京邮电大学出版社，2020.8(2023.8 重印)
ISBN 978-7-5635-5876-6

Ⅰ. ①物… Ⅱ. ①兰… ②高… Ⅲ. ①互联网络—应用②智能技术—应用 Ⅳ. ①TP393.4②TP18

中国版本图书馆 CIP 数据核字（2019）第 194597 号

策划编辑：姚　顺　刘纳新　　**责任编辑：**孙宏颖　　**封面设计：**七星博纳

出版发行：北京邮电大学出版社
社　　址：北京市海淀区西土城路10号
邮政编码：100876
发 行 部：电话：010-62282185　传真：010-62283578
E-mail：publish@bupt.edu.cn
经　　销：各地新华书店
印　　刷：北京虎彩文化传播有限公司
开　　本：720 mm×1 000 mm　1/16
印　　张：10.75
字　　数：190 千字
版　　次：2020年8月第1版
印　　次：2023年8月第3次印刷

ISBN 978-7-5635-5876-6　　定价：35.00元

·如有印装质量问题，请与北京邮电大学出版社发行部联系·

前　言

物联网通过各种信息传感设备、创业网络设备把物品与互联网连接起来，实现了人与物、物与物之间的连接。物联网是继计算机、互联网之后的第三次信息产业革命浪潮，和其他技术一样，是一项推动社会生产力发展的技术。在通信、互联网、传感等新技术的推动下，逐步形成了实现人与人、人与物、物与物之间沟通的物联网网络构架。

物联网通过传感技术获取各种环境参数信息，这些信息通过各种无线传输技术以及信息通信网络汇总到后台并形成大数据，我们再用相关工具对大数据进行数据分析与挖掘处理，提取有价值的信息，从而可以使得物联网体现其商业价值和社会价值。物联网与人工智能、智能硬件、大数据、区块链等新技术的结合，也会迎来巨大的跨界融合机遇。

本书前5章着重描述物联网的基本知识、典型应用、体系架构、传感技术、关键技术〔包括无线传输技术（射频识别、NFC、ZigBee、Bluetooth、LoRa、5G、NB-IoT技术）、传感器网络技术、应用服务技术与云计算技术、安全管理技术等〕。第6章着重介绍物联网与各种最新技术融合的创意应用，包括与可穿戴设备、区块链、人工智能、无人机、AR/VR技术等融合的创意。通过本书读者可以全面深刻地领会物联网技术及其应用。本书试图通过物联网创意的应用给予读者启示，希望本书对读者通过物联网创新应用去解决实际问题有所帮助。

本书具有如下特点。

① 入门要求低。本书介绍了物联网最基本的知识，读者只需要有一定的通信及网络知识即可学习本书的内容。

② 完整度高。本书内容完整，涉及面广，内容涵盖传感技术、信息传输关键技术、物联网的跨界融合创意应用等，使读者可以全面深刻地领会物联网技术。通过本书的学习，读者可设计出创新的物联网应用方案。

③ 实用性强。本书紧密结合应用，对具体的物联网应用场景的开发作了较详细的介绍，特别是物联网与可穿戴设备、区块链、人工智能、无人机、AR/VR 技术等融合的创意，对读者会有良好的启发。

本书由兰楚文、高泽华共同编著。兰楚文编写了第 1、2、3、4、5 章，高泽华编写了第 6 章。在本书的编写过程中，刘正望、胡凯达、赵惜茹、许建军、戴波涛、程超月完成了全书资料的收集和整理，并完成了全书的文字校对和部分内容的编写，在此对他们的辛勤劳动表示感谢。特别感谢厦门南鹏电子有限公司对本书出版的大力支持。

另外，本书在编写的过程中，得到了北京邮电大学信息与通信工程学院领导及通信网络中心教研室同事的支持和帮助，他们对本书内容的取舍、主次安排均提出了很好的意见，在此表示衷心的感谢。

由于编著者水平有限，加之编写时间仓促，书中不足之处在所难免，敬请读者批评指正。

兰楚文　高泽华
于北京邮电大学

目　录

第 1 章 物联网基本知识

本章主要介绍物联网基本知识，包括物联网的发展历程、物联网的概念、物联网关键技术、物联网相关产业、物联网发展方向、物联网在国际上的发展概况等，以使读者对物联网有一个基本认识。

1.1 物联网发展历程

1.1.1 物联网发展的背景

1. 物联网的发展历程简介

20 世纪 80 年代，美、欧已出现智能建筑、智能家居等概念。1995 年的时候，比尔·盖茨的《未来之路》一书将物联网技术在家居场景方面的应用做了详细的阐述，使得人们对于物联网应用有了初步的认识。由于当时的传感器、无线网络及其他硬件水平有限，所以物联网只是作为一个模糊的概念而存在。

“物联网”一词在 1999 年产生于美国麻省理工学院（MIT）建立的自动识别中心（Auto-ID Labs），是由该中心创始人之一 Kevin Ashton 在研究 RFID（Radio Frequency Identification）技术时提出的。Ashton 认为互联网依靠和处理的是人类各种以字节形式存储的信息，而“物”才是与人类生活最相关的东西，物联网的意义就在于借助互联网和各类数据采集手段收集各种“物”的信息，以服务于人类。因此，物联网被定义为把所有物品通过射频识别设备、传感器等信息识别装置，将其蕴涵的数据共享至互联网，实现智能识别和管理等行业应用的一种网络。此时的物联网主要指基于 RFID 技术的物物互联的网络。

2003 年，美国《技术评论》提出传感网络技术将是未来改变人们生活的十大技术之首。

2005 年，国际电信联盟（International Telecommunication Union，ITU）在突尼斯举行的信息社会世界峰会（World Summit on the Information Society，WSIS）上正式提出了“物联网”的概念，并发布了报告 *ITU Internet Reports* 2005—*The Internet of Things*。该报告指出物联网时代即将到来，同时描述了物联网的特征、RFID 技术、传感技术、智能化技术、纳米技术和小型化技术等物联网关键应用技术以及物联网产业面临的挑战和未来的市场机遇，并展示了未来高度发达的物联网技术服务于人类生活的美好场景。相比于 Kevin Ashton 的设想，物联网不只是基于 RFID 的物物互联技术，其覆盖范围有了较大的拓展——以实现物与物之间、人与物之间以及人与人之间的互联为目标。

2009 年 1 月 9 日，IBM 全球副总裁麦特·王博士做了主题为“构建智慧的地球”的演讲，提出把感应器嵌入和装备到家居、电网、铁路、桥梁、隧道、公路、建筑、供水系统、大坝、油气管道等各种物体中，并且被普遍连接，形成“物联网”，然后将“物联网”与现有的互联网整合起来，实现人类社会与物理系统的整合。2009 年 1 月 28 日，IBM 首席执行官彭明盛首次提出“智慧地球”这一概念，IBM 公司的物联网三步走战略在全球产业界、学术界引起了广泛的响应。

2009 年 8 月，时任国务院总理的温家宝在无锡调研时提出尽快建立中国的传感信息中心，或者叫“感知中国”中心。因此，“感知中国”成为我国发展物联网的一种形象称呼，推动了《国家中长期科学和技术发展规划纲要（2006—2020 年）》中的“新一代宽带移动无线通信网”成为我国信息技术发展的主方向。

2011 年 11 月，欧盟专家在北京召开的全球物联网大会上讲解了《欧盟物联网行动计划》，其意在于推动物联网的全球发展。

2014 年 2 月，IEEE 的终身院士 John A. Stankovic 在 IEEE 的新刊《物联网学报》上发表了第一篇以"物联网研究方向"为专题的论文，该论文简介了 IoT 的技术、网络通信、管理基础架构、服务与应用程序开发以及人机交互 5 个方面。

网站 Statista 截至 2016 年接入物联网设备数为 176 亿，预计到 2020 年，设备数会增长为 300 多亿。

近年来，越来越多的国家开始了物联网的发展计划和行动，物联网行业发展开始呈现出欣欣向荣的景象。

2. 物联网的概念

物联网就是把新一代 IT 技术充分运用在各行各业之中，把感应器嵌入和装备到电网、铁路、桥梁、隧道、公路、建筑、供水系统、大坝、油气管道等各种物体中，然后将"物联网"与现有的互联网整合起来，实现人类社会与物理系统的整合。在这个整合的网络当中，存在能力超级强大的中心计算机群，能够对整合网络内的人员、机器、设备和基础设施实施实时的管理和控制。在此基础上，人类可以以更加精细和动态的方式管理生产和生活，达到"智慧"状态，提高资源利用率和生产力水平，改善人与自然间的关系。

"物联网"时代将会给人们的日常生活带来翻天覆地的变化。人们也正在走向"物联网"时代。

1.1.2 相关技术发展的背景

目前物联网已成为 IT 业界的新兴领域，引发了相当热烈的研究和探讨。不同的视角对物联网概念的看法不同，所涉及的关键技术也不相同。可以确定的是，物联网技术涵盖了从信息获取、传输、存储、处理直至应用的全过程，这需要在材料、器件、软件、网络、系统等各个方面都有所创新才能促进其发展。国际电信联盟的报告提出，物联网主要需要的关键性应用技术有标签物品的 RFID 技术、感知事物的传感网络技术、思考事物的智能技术、微缩事物的纳米技术，该报告侧重了物联网的末梢网络技术。

欧盟《物联网研究路线图》将物联网研究划分为 10 个层面：①感知，ID 发布机制与识别；②物联网宏观架构；③通信（OSI 物理层与数据链路层）；④组网（OSI 网络层）；⑤软件平台、中间件（OSI

网络层以上)；⑥硬件；⑦情报提炼；⑧搜索引擎；⑨能源管理；⑩安全。本小节针对物联网的内涵，分析研究实现物联网所涉及的关键技术，譬如感知技术、网络通信技术、云计算技术，以及数据融合与智能技术等。

1. 感知技术

感知技术也称为信息采集技术，是实现物联网的基础。目前，信息采集主要采用电子标签和传感器等方式完成。

(1) 电子标签 RFID 技术

在感知技术中，电子标签用于对采集的信息进行标准化标识，数据采集和设备控制通过射频识别读写器、二维码识读器等实现。RFID 技术是一种无线通信技术，可以通过无线电讯号识别特定目标并读写相关数据，而无须识别系统与特定目标之间建立机械或者光学接触。从概念上来讲，RFID 类似于条码扫描，对于条码技术而言，它将已编码的条形码附着于目标物，并使用专用的扫描读写器，利用光信号将信息由条形磁传送到扫描读写器；而 RFID 则使用专用的 RFID 读写器及专门的可附着于目标物的 RFID 标签，利用电磁波信号将信息由 RFID 标签传送至 RFID 读写器。

雷达的改进和应用催生了射频识别技术，射频识别技术的理论基础于 1984 年被奠定了。早期射频识别技术的探索主要处于实验室实验研究的状态。20 世纪 70 年代以后，射频识别技术与产品研发处于一个大发展时期，各种射频识别技术的测试得到加速，出现了一些最早的射频识别应用。2000 年以后，标准化问题日趋为人们所重视，射频识别产品种类更加丰富，有源电子标签、无源电子标签得到发展，电子标签的成本不断降低，规模应用行业扩大，适应高速移动物体的射频识别技术与产品正在成为现实并走向应用。目前射频识别技术已经广泛应用于门禁、电子溯源、食品溯源、产品防伪等方面。

(2) 传感器技术

传感器技术是物联网必不可少的技术之一，是新时代新需求对物体进行监控管理重要的一部分。如果把处理系统比作人类的大脑，那么传感器就是人类的感官系统——神经末梢，将收到的信号经过处理后发送到计算机上。其工作原理就是将传感器布置在需要监测数据的环境中，每个传感器都被当作一个节点，可以独立地工作，也可以和其他节点共同构成网络联系，再将共同的信号传输到集结点上。当外界条件发生改变时，传感器就会感知到这些变化，进而将信号传输到集结点上，然后信号从集结点被传送到电子计算机上进行处理。

传感器技术是多部门多学科结合到一起的高新技术，其将物理、化学、生物、统计、光热、电信号等学科高效地结合到一起，因此其被应用于多个领域，常被用来监测不同环境下不同的物理量、化学量、生物量，比如湿度、温度、光照、压力、体内指标、溶液浓度等，其还具有隐蔽性高、廉价、容易部署等特点，因此也被广泛地运用于军事领域中。如今的传感器技术趋向于集成化、智能化、微型化、信息化，正在逐渐地迈向更高深、更智能的领域——生物传感器。因此，传感器技术的发展对于物联网技术的广泛应用起到推波助澜的关键作用。

2. 网络通信技术

网络通信技术是信息在物物之间联系的纽带，包括互联网应用技术，无线传感技术，2G、3G、4G、5G 网络通信技术等。这里我们简要介绍 ZigBee 技术及 M2M 技术，其他无线通信技术将在后续章节进行解释。

(1) ZigBee 技术

在蓝牙技术的使用过程中，存在许多缺点，如对工业、家庭自动化控制和工业遥测遥控领域而言，蓝牙技术显得太复杂，而且其还有功耗大、距离近、组网规模太小等缺点，而工业自动化对无线数据通信的需求越来越高。对于工业现场而言，无线数据传输必须是高可靠的，并能抵抗工业现场的各种电磁干扰。ZigBee 协议在 2003 年正式问世。ZigBee 是电气和电子工程师协会 IEEE 802.15.4 协议的代名词。根据这个协议规定的技术是一种近距离、低复杂度、低功耗、低数据速率、低成本的双向无线通信技术，不仅适合自动控制和远程控制领域，还可以嵌入各种设备中，同时支持地理定位功能。蜜蜂(bee)是靠飞翔和“嗡嗡”(zig)地抖动翅膀的“舞蹈”来与同伴传递花粉所在方位和远近信息的，也就是说蜜蜂依靠着这样的方式构成了群体中的通信“网络”，所以，ZigBee 的发明者们形象地利用蜜蜂的这种行为来描述这种无线信息传输技术。

在组网方面，ZigBee可以构造为星形网络或者点对点对等网络，在每一个ZigBee组成的无线网络中，链接地址码分为16b短地址和64b长地址，故该网络具有较大的网络容量。

在无线通信技术方面，采用CSMA-CA方式，有效地避免了无线电载波之间的冲突，此外，为保证传输数据的可靠性，人们建立了完整的应答通信协议。

ZigBee设备为低功耗设备，其发射输出为0～3.6 dBm，通信距离为30～70 m，具有能量检测和链路质量指示能力，根据这些检测结果，设备可以自动调整发射功率，在保证通信链路质量的条件下，最小地消耗设备能量。

ZigBee技术作为一种短距离、低速率无线传感器网络技术，是一种拓展性强、容易布建的低成本无线网络，强调低耗电、双向传输和感应功能等特色，被广泛地应用在物联网领域。

（2）M2M技术

M2M(Machine-to-Machine)能实现机器与其他机器或人之间的沟通与联系，它涵盖了所有在人、机器、系统之间建立通信连接的技术和手段。与M2M可以实现技术结合的远距离连接技术有GSM、GPRS、UMTS等，Wi-Fi、蓝牙、ZigBee、RFID和UWB等近距离连接技术也可以与之相结合，此外还有XML和Corba，以及基于GPS、无线终端和网络的位置服务技术等。

M2M有很广阔的发展空间，如今其就被广泛地应用于智能查表、车载导航等行业，随着计算机和移动设备越来越普及，M2M也会越来越科技化、前卫化。但如今需要解决的问题，就是如何保证网络的覆盖性和可靠性，以及如何创作出更标准的M2M平台以供人使用。

3. 云计算技术

云计算(cloud computing)技术是一种高效利用闲置资源的新型计算模式。随着互联网时代信息与数据的快速增长，有大规模、海量的数据需要处理。当数据计算量超出自身IT架构的计算能力时，一般通过加大系统硬件投入来实现系统的可扩展性。另外，由于传统并行编程模型应用的局限性，客观上还需要一种易学习、使用、部署的并行编程框架来处理海量数据。为了节省成本和实现系统的可扩展性,云计算的概念应运而生。云计算作为一种能够满足海量数据处理需求的计算模型,将成为物联网发展的基石,因为云计算具有超强的数据处理和存储能力,物联网无处不在的信息采集活动,需要大范围的支撑平台以满足其大规模的需求。实现云计算的关键技术是虚拟化技术。用虚拟化技术将物理资源虚拟成软件资源,可形成多种资源池,这样可以提供按需交付、灵活弹性、集中规模、自由调度、安全管理等多种功能,可满足当代企业和用户对大规模数据计算、复杂逻辑处理的迫切要求。利用云计算技术可以大大降低对资源进行使用的成本,提高资源的灵活性和可用性。

目前,国外的云计算公司有谷歌云、亚马逊云、微软云等,国内的有阿里云、百度云、腾讯云、华为云等,这些云计算厂商都已经完全掌握了云计算技术,并且这些云已经能够达到商用的良好性能。目前开源的云计算也非常多,主要流行的是OpenStack。OpenStack的开发速度非常快,社区很活跃,发展也比较顺利。

4. 数据融合与智能技术

所谓数据融合是指将多种数据或信息进行处理,组合出高效且符合用户需求的数据的过程。在传感网应用中,多数情况只关心监测结果,并不需要收集大量原始数据,数据融合是处理该类问题的有效手段。借助数据稀疏性理论在图像处理中的应用,可将其引入传感网并用于数据压缩,以改善数据融合效果。分布式数据融合技术需要人工智能理论的支撑,包括智能信息获取的形式化方法、海量信息处理的理论和方法、网络环境下信息的开发与利用方法,以及计算机基础理论,还有智能信号处理技术,如信息特征识别和数据融合、物理信号处理与识别等。

智能技术通过在物体中植入智能系统,可以使得物体具备一定的智能性,能够主动或被动地实现与用户的沟通,从而实现人与物体的交互对话,甚至实现物体与物体之间的交互或对话。

企业大部分业务涉及芯片、传感器、RFID、网络与通信、软件与系统集成、应用服务以及数据存储等物联网产业环节,技术或产品服务的重点行业领域涵盖工业、交通/车联网、环保、家居、农业、能源、医疗、物流、政务、金融、教育、电信等。未来应着力发展的物联网技术如下。

① 芯片的研发。芯片是物联网产业的基础和核心，目前以进口为主，国家的必要支持会促进国产替代化的进程。国家重点支持的物联网芯片包括核心 SoC 芯片、人工智能芯片、5G/NBIoT 芯片和传感器芯片等。只有研发基于完全自主知识产权的芯片，才能摆脱相关应用被人"卡脖子"、费用成本高、信息安全不能得到有效保障等问题。

② 物联网安全标准与技术的研究。安全问题是制约物联网大规模应用的至关重要的因素之一，我国在感知层、应用层安全研究方面与国外有较大差距，与物联网安全相关的专利、芯片制造技术、操作系统主要掌握在国外相关的企业手里。因此，物联网安全问题迫切需要得到解决。

③ 物联网与大数据融合关键技术和应用的研发。物联网产生的大量数据价值巨大，大数据技术与物联网的结合能够有效地释放物联网数据的潜在价值，并创造出许多新的应用甚至业务模式。

1.1.3 物联网的推动力——相关产业的发展

1. 物联网相关产业的划分

物联网相关产业是指实现物联网功能所必须的相关产业集合，从产业结构上主要包括服务业和制造业两大范畴，如图 1-1 所示。

物联网制造业以感知端设备制造业为主，又可细分为传感器产业、RFID 产业以及智能仪器仪表产业。感知端设备的高智能化与嵌入式系统息息相关，设备的高精密化离不开集成电路、嵌入式系统、微纳器件、新材料、微能源等基础产业的支撑。部分计算机设备、网络通信设备也是物联网制造业的组成部分。

物联网服务业主要包括物联网网络服务业、物联网应用基础设施服务业、物联网软件开发与应用集成服务业以及物联网应用服务业四大类。其中物联网网络服务业又可细分为机器对机器（M2M）信息通信服务、行业专网信息通信服务以及其他信息通信服务，物联网应用基础设施服务业主要包括云计算服务、存储服务等，物联网软件开发与应用集成服务业又可细分为基础软件服务、中间件服务、应用软件服务、智能信息处理服务以及系统集成服务，物联网应用服务又可细分为行业服务、公共服务和支持性服务。

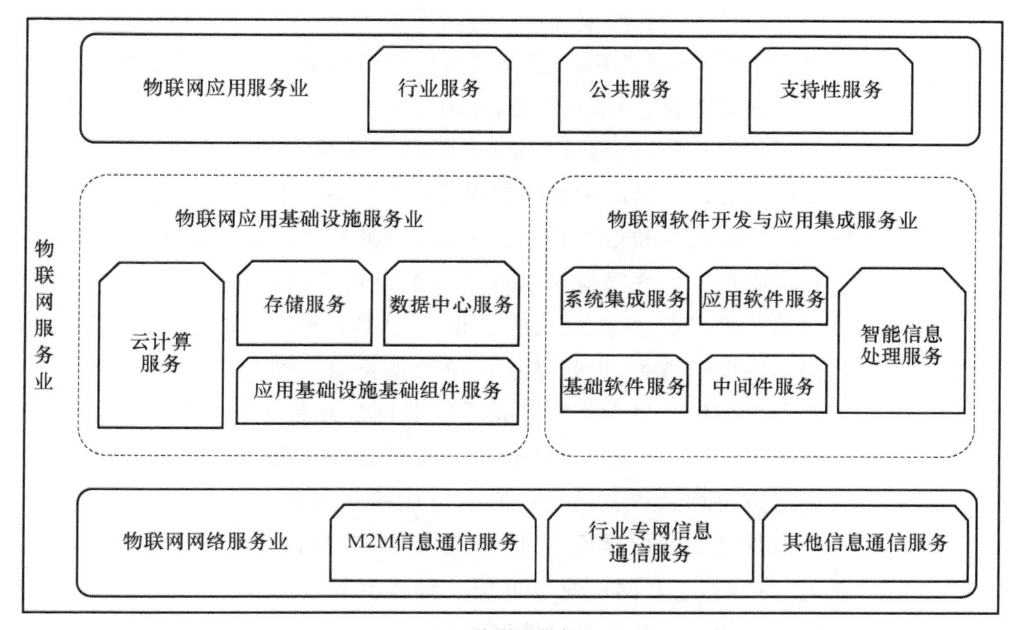

(a) 物联网服务业

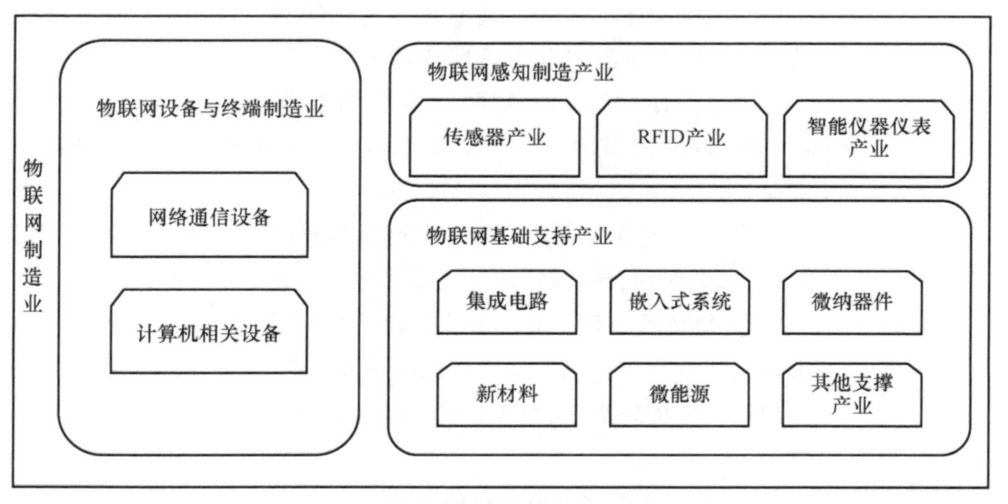

(b) 物联网制造业

图 1-1　物联网的产业体系示意图

物联网产业绝大部分属于信息产业，但也涉及其他产业，如智能电表等。物联网产业的发展不是对已有信息产业的重新统计划分，而是通过应用带动形成新市场、新形态，整体上可分为 3 种情形。一是因物联网应用对已有产业的提升，主要体现在产品的升级换代，如传感器、RFID、仪器仪表的发展已数十年，由于物联网应用使之向智能化、网络化升级，从而实现产品功能、应用范围和市场规模的巨大扩展，传感器产业与RFID产业成为物联网感知终端制造业的核心。二是因物联网应用对已有产业的横向市场拓展，主要体现在领域延伸和量的扩张两方面，如服务器、软件、嵌入式系统、云计算等由于物联网应用扩展了新的市场需求，形成了新的增长点。仪器仪表产业、嵌入式系统产业、云计算产业、软件与集成服务业不但与物联网有关，也是其他产业的重要组成部分，物联网成为这些产业发展的新风向标。三是因物联网应用创造和衍生出的独特市场和服务，如传感器网络设备、M2M通信设备以及服务、物联网应用服务等均是物联网发展后才形成的新型业态，为物联网所独有。物联网产业当前浮现的只是初级形态，市场尚未大规模启动。

同时，物联网产业也可按关键程度划分为物联网核心产业、物联网支撑产业和物联网关联产业。

① 物联网核心产业。重点发展与物联网产业链条紧密关联的硬件、软件、系统集成及运营服务四大核心领域。着力打造传感器与传感节点、RFID设备、物联网芯片、操作系统、数据库软件、中间件、应用软件、系统集成、网络与内容服务、智能控制系统及设备等产业。

② 物联网支撑产业。支持发展微纳器件、集成电路、网络与通信设备、微能源、新材料、计算机及软件等相关支撑产业。

③ 物联网关联产业。着重发挥物联网带动效应，利用物联网大规模产业化和应用对传统产业的重大变革，重点推进带动效应明显的现代装备制造业、现代农业、现代服务业、现代物流业等产业的发展。

2. 未来物联网产业发展的方向

未来全球物联网产业总的发展趋势是规模化、协同化和智能化。同时以物联网应用带动物联网产业将是全世界各国的主要发展方向。

(1) 规模化发展

随着世界各国对物联网技术、标准和应用的不断推进，物联网在各行业领域中的规模将逐步扩大，尤其是一些政府推动的国家性项目，如美国智能电网、日本 i-Japan、韩国物联网先导应用工程等，将吸引大批有实力的企业进入物联网领域，大大推动物联网应用进程，为扩大物联网产业规模产生巨大作用。

(2) 协同化发展

随着产业和标准的不断完善，物联网将朝着协同化方向发展，形成不同物体间、不同企业间、不同行业乃至不同地区或国家间物联网信息的互联互通互操作，应用模式从闭环走向融合，最终形成可服务于不同行业和领域的全球化物联网应用体系。

(3) 智能化发展

物联网将从目前简单的物体识别和信息采集，走向真正意义上的物联网——实时感知、网络交互和应用平台可控可用，实现信息在真实世界和虚拟空间之间的智能化流动。

目前，物联网仍处于起步阶段，物联网产业支撑力度不足，行业需求需要引导，距离成熟应用还需要多年的培育和扶持，其发展还需要各国政府通过政策加以引导和扶持。因此，未来几年各国将结合本国优势，优先发展重点行业应用以带动物联网产业。我国确定的重点发展物联网应用的行业包括电力、交通、物流等战略性基础设施领域，以及能够大幅度地促进经济发展的重点领域。

1.2 国际物联网概况

1.2.1 我国物联网概况

1. 总体情况

我国在物联网领域的布局较早，中国科学院早在 1999 年就开始了对传感网的研究。十多年来我国在无线智能传感器网络通信、微型传感器等众多物联网技术上取得了重大进展，并具备了一定的技术优势。

2010 年 10 月，中国研发出首颗物联网核心芯片——“唐芯一号”。2009 年 11 月 7 日，总投资超过 2.76 亿元的 11 个物联网项目在无锡成功签约,项目研发覆盖传感网络智能技术研发、传感网络应用研究、传感网络系统集成等物联网产业多个前沿领域。2010年工业和信息化部与国家发展改革委出台了系列政策支持物联网产业化发展,到2020年之前我国已经规划了3.86万亿元的资金用于物联网产业化的发展。

在国家重大科技专项、国家自然科学基金和“863”计划的支持下,国内新一代宽带无线通信技术、高性能计算与大规模并行处理技术、光子和微电子器件与集成系统技术、传感网络技术、物联网体系架构及其演进技术等研究与开发取得了重大进展,我国先后建立了传感技术国家重点实验室、传感器网络实验室和传感器产业基地等一批专业研究机构和产业化基地,开展了一批具有示范意义的重大应用项目。目前,北京、上海、江苏、浙江、无锡和深圳等地都在开展物联网发展战略研究,制定物联网产业发展规划,出台扶持产业发展的相关优惠政策。中国经济信息社在无锡2018年世界物联网博览会上发布了《2017—2018年中国物联网发展年度报告》,该《年报》认为,2017年以来,全球物联网市场规模持续稳步增长,跨界应用不断兴起。我国物联网数据规模及其多样性持续扩大,行业生态体系逐步完善,细分领域创新成果不断涌现,产业技术和应用发展进入落地关键期。

2. 发展优势

(1) 技术优势

在物联网这个全新产业中,我国的技术研发水平处于世界前列,中国科学院在1999年启动了传感网研究,在无线智能传感器网络通信技术、微型传感器、传感器终端机和移动基站等方面取得了重大进展,目前已拥有从材料、技术、器件和系统到网络的完整产业链。在世界物联网领域中,中国与德国、美国、韩国一起成为国际标准制定的主导国。

我国还在通信、网络等领域申请了大量具有自主知识产权的技术专利。这些技术方面的积累为我国物联网技术在未来取得长足的发展奠定了坚实的软实力基础。

(2) 政策优势

2006年我国制定了信息化发展战略,2007年十七大提出工业化和信息化融合发展的构想,2009 年"感知中国"进入了国家政策的议事日程,2010 年的《政府工作报告》正式将加快物联网的研发应用纳入重点产业振兴计划,很多城市相继提出了物联网发展的规划和设想。

2009 年 9 月,我国传感网标准工作组成立,在上海的浦东国际机场和世博园区建造了物联网技术系统,在北京、无锡和杭州等城市,有一大批科学家和专业人士从事中国物联网的研究和开发。国家宏观政策对物联网的发展给予了大力支持与引导。

(3) 市场优势

中国近年来互联网产业迅速发展,网民数量全球第一,在未来的物联网产业发展中具备良好基础。物联网将大量物品连接到互联网,可以远程采集信息并进行控制,实现人和物或物和物之间的信息交换。当前物联网行业的应用需求和领域非常广泛,潜在市场规模巨大。物联网产业在发展的同时还将带动传感器、微电子、视频识别系统等一系列产业的同步发展,并带来巨大的产业集群效益。

3. 存在的问题

我国物联网产业潜在市场规模巨大,政府各部门对发展物联网产业态度积极,但目前物联网产业处于发展初期阶段,很多领域发展方向不清晰明朗,相关技术发展没有完全到位,存在诸多产业发展约束因素。

(1) 缺乏统筹规划

物联网相关产业发展在全国范围内尚未进行统筹规划,各部门之间、地区之间、行业之间的分割情况较为普遍,缺乏顶层设计,资源共享不足,出现难以形成产业规划、研究成本过高、资源利用率过低、无序重复建设现象严重的态势。

(2) 规模化应用不足,产业链不完善

我国物联网发展虽然有了一些基础应用,但底层技术基础如高质量稳定传感技术等还不够先进,产业链各环节发展不均衡、不完善,规模化行业应用不足,核心关键技术的突破和标准化欠缺。

1.2.2 其他国家及地区物联网概况

在通信领域乃至整个信息技术领域,物联网已经被看作一种必然的发展趋势，如同当年的计算机和互联网一样，必将给人类科技和日常生活带来翻天覆地的变化。世界各国纷纷加紧了对物联网的基础理论和实践应用的研究工作，其中以欧盟、美国、韩国、日本等发达国家和地区为代表。

1. 欧盟

2009 年 6 月 18 日，欧盟委员会向欧盟议会、理事会等递交了《欧盟物联网行动计划》。2009 年 9 月 15 日，欧盟发布了《欧盟物联网战略研究路线图》，提出欧盟到 2010 年、2015 年、2020 年 3 个阶段物联网的研发路线图，并提出物联网在航空航天、汽车、医药、能源等 18 个主要应用领域和识别、数据处理、物联网架构等 12 个方面需要突破的关键技术。

目前，除了进行大规模的研发外，作为欧盟经济刺激计划的一部分，欧盟物联网已经在智能汽车、智能建筑等领域进行了应用，在民生领域的物联网应用成为大势所趋。

2. 美国

2008 年年底，IBM(International Business Machines Corporation，国际商业机器公司)向美国政府提出“智慧地球”战略，获得奥巴马的认可。美国在物联网产业上的优势正在加强与扩大。国防部的“智能微尘”(smart dust)、国家科学基金会的“全球网络研究环境”(GENI)等项目提升了美国的创新能力。典型应用智能微尘是指具有计算机功能的一种超微型传感器，它可以探测周围诸多环境参数，能够收集大量数据，进行适当的计算处理，然后利用双向无线通信装置将这些信息在相距 1 000 英尺(304.8 m)的微尘器件间往来传送。智能微尘的应用范围很广，除了主要应用于军事领域外，还可用于健康监控、环境监控、医疗等许多方面。

在美国，物联网在工业、国防等领域成为重点投入和发展方向，其在争取继续完全控制 IPv6(Internet Protocol Version 6)的同时，在全球推行 EPC 标准体系，力图主导全球物联网的发展。

3. 韩国

自 20 世纪 90 年代中期以来，韩国政府先后实施了两项计划以促进其信息化发展：1996 年的《信息化促进计划》和 1999 年的《计算机化的韩国 21 世纪(Cyber-Korea 21) 计划》。这两项计划使得韩国向信息化社会更进一步。

为确立其真正发达国家的地位，韩国政府于2002年提出了《E-Korea计划》(E代表Electronic，意指电子的)，目标是改革法律制度体系，增强在政府、私人企业及个人等诸多社会领域利用信息技术的能力，增强应对社会环境发生变化的快速反应能力，通过信息化技术模拟国家发展以决定国家事务。

2004年，韩国提出为期十年的U-Korea(Ubiquitous Korea)战略，目标是"在全球最优的泛在基础设施上，将韩国建设成全球第一个泛在社会"。2009年，韩国通信委员会通过了《基于IP的泛在传感器网基础设施构建基本规划》，将传感器网确定为新增长动力，同年出台了《物联网基础设施构建基本规划》，将物联网市场确定为新的增长动力。2010年韩国政府陆续出台了推动RFID发展的相关政策。在2011年5月11日召开的经济政策调整会上，韩国做出了将云计算产业确定为重点培育对象的决定。

4. 日本

2004年日本政府在两期E-Japan战略目标均提前完成的基础上，提出了"U-Japan"战略。物联网包含在泛在网的概念之中，并服务于U-Japan及后续的信息化战略。通过这些战略，日本开始推广物联网在电网、远程监测、智能家居、汽车联网和灾难应对等方面的应用。2009年3月日本提出了"数字日本创新计划"，2009年7月日本更进一步地提出了"i-Japan"战略，将物联网提升为国家战略建设重点。2009年12月，日本总务省推出了《ICT维新愿景计划》，旨在利用ICT解决日本国内存在的社会问题。从此日本物联网战略的方向发生转变，物联网将根据具体问题来研究和开发解决方案。2010年5月，日本总务省发布了《智能云研究会报告书》，制定了"智能云战略"，旨在推广云服务并借助其实现社会系统中的海量知识和信息的共享。

目前，针对本国具体特点，日本的物联网技术已在灾难应对、安全管理、公共服务、智能电网等领域开展了应用，并实现了移动支付领域的大规模商用。

到2020年，世界上"物物互联"的业务跟人与人通信的业务相比，将达到30∶1，物联网仅仅在智能电网和机场防入侵系统方面的市场就有上千亿美元。

第2章 物联网典型应用

物联网把物品连接到互联网上，让物品增加了数据化价值。物联网涉及工作、生活的方方面面，为我们的工作、生活带来了极大的便利性。物联网的用途极为广泛，本章重点介绍物联网的一些典型应用，包括智慧家居、智慧建筑、智慧医疗、智慧交通、智慧电网、智慧工业、智慧城市等。

2.1 智慧家居

2.1.1 智慧家居概述

智慧家居(smart home, home automation)是以住宅为平台，利用综合布线技术、网络通信技术、安全防范技术、自动控制技术、音视频技术将各种与家居生活有关的设备集成起来，构建一个高效的家庭综合服务与管理系统，提升家居安全性、便利性、舒适性、艺术性，并实现环保节能的居住环境。

随着我国经济水平的不断发展，居民的生活水平不断提高，人们越来越注重自己住房条件的改善，越来越多的高科技电子家居消费品正在逐步占据家庭消费市场，智慧家居进入了迅速发展阶段。

2.1.2 智慧家居系统与关键技术

1. 智慧家居系统

智慧家居系统中重要的子系统有家居布线系统、家庭网络系统、智慧家居(中央)控制管理系统、家居照明控制系统、家庭安防系统、背景音乐系统、家庭影院与多媒体系统、家庭环境控制系统等。智慧家居示意如图 2-1 所示。

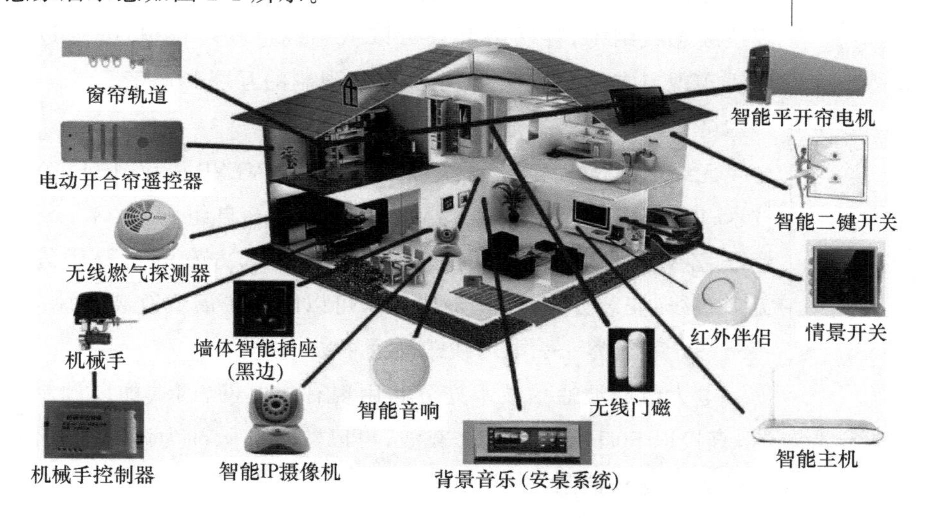

图 2-1 智慧家居示意图

根据 2012 年 4 月 5 日中国室内装饰协会智能化装饰专业委员会《智慧家居系统产品分类指导手册》的分类依据，智慧家居系统产品共分为 20 类：控制主机(集中控制器)、智能照明系统、电器控制系统、家庭背景音乐、家庭影院系统、对讲系统、视频监控、防盗报警、电锁门禁、智能遮阳(电动窗帘)、暖通空调系统、太阳能与节能设备、自动抄表、智慧家居软件、家居布线系统、家庭网络、厨卫电视系统、运动与健康监测、花草自动浇灌、宠物照看与动物管制。

2. 关键技术

智慧家居技术主要包含通信技术和控制协议，涉及硬件接口和软件协议两部分，通信方式有有线方式和无线方式，有线方式有 RS485、IEEE 802.3 (Ethernet)、EIB/KNX、LonWorks、X-10、PLC-BUS、CresNet、AXLink 等，无线方式有 RFID 技术、蓝牙、Wi-Fi、ZigBee、

BTA-OI(β自组网,属于 Ad hoc 技术)、Z-Wave、Enocean。目前智慧家居领域存在多样性和个性化的特点,所以技术路线和标准众多,没有统一的通行技术标准体系,常见的主流技术主要有3类。

(1) 第一类——总线技术类

总线技术指所有设备通信与控制都集中在一条总线上,是一种全分布式智能控制网络技术,其产品模块具有双向通信能力,以及互操作性和互换性,其控制部件都可以编程。典型的总线技术采用双绞线总线结构,各网络节点可以从总线上获得供电,亦通过同一总线实现节点间无极性、无拓扑逻辑限制的互联和通信。

(2) 第二类——无线通信技术类

无线通信技术主要包括射频(RF)技术、VESP 协议、IrDA 红外线技术、HomeRF 协议、ZigBee 标准、BTA-OI(β自组网)技术、Z-Wave 标准、Z-World 标准、X2D 技术等。无线技术方案的主要优势在于无须布线,安装方便灵活,根据需求可以随时扩展或改装。

(3) 第三类——电力线载波通信技术类

电力线载波通信技术充分利用现有的电网,两端加以调制解调器,直接以 50 Hz 交流电为载波,再以数百的脉冲为调制信号,进行信号的传输与控制。

2.1.3 智慧家居的应用与发展

1. 智慧家居的应用

(1) 比尔·盖茨的智能化豪宅

智慧家居做得最典型的是比尔·盖茨的智能化豪宅"世外桃源2.0",它是世界上第一幢智能化建筑,耗时7年建成,由几个大的阁楼组成,如图2-2所示。

这幢豪宅的中央计算机就是超级大脑,可以处理通过手机发来的指令,从而控制空调、烹饪、浴缸水温。来此豪宅的每位访客都需佩戴一个含微芯片的胸针,通过它中央计算机可以自动设定客人的偏好,如温度、灯光、音乐、画作、电视节目等。整个建筑根据不同的功能分为12个区,各区通道都设有"机关",来访者通过时,胸针中设置的客人信息会被作为来访资料储存到计算机中,地板中的传感器能跟踪人的足迹，当感应有人来到时自动打开系统，当感应有人离去时自动关闭系统。

图 2-2 “世外桃源 2.0”

房屋的安全指数也很高，胸针是遥控器，也是身份证明，如果来访者没有胸针，则会被判定为入侵者，计算机就会报警；此外，对安全隐患而言，火灾、漏电、漏水均在探测器感应范围内，发生火灾、漏电、漏水等状况时，系统将自动处理并且发送报告给主人。

(2) 海尔 U-home 智慧家居

2010 年 1 月，海尔集团推出“物联网冰箱”，作为海尔平台的终端应用，“物联网冰箱”标志着海尔正式进军智慧家居。海尔智能冰箱的智能大屏交互系统能实现影音娱乐、视频聊天、人机语音交互、智慧食材管理、餐厅菜谱推荐、一键网购食材等。

2018 年上海 CESA 展，海尔携全线智慧家居亮相，包括智慧客厅、智慧卧室、智慧浴室、智慧厨房 4 部分，如图 2-3 所示。

海尔智慧客厅中有海尔智能电视、智能储酒柜以及智能立式空调；海尔智慧卧室中有卧室电视、卧室冰箱；海尔智慧浴室结合了健康物联娱乐系统，其中智能建康管理功能可以帮助用户随时了解自己的身体情况，实现实时的心率、体脂监控，美颜净水机可以软化水质。智能洗浴功能可以让用户进行智能预约，节能省电；智能娱乐功能可以让用户在洗浴的过程中观影、玩游戏等；智能魔镜可以深度连接互联网设备，打造专属的智能娱乐生态圈；智慧厨房中有智能保鲜的冰箱和温控更加精准的智能烤箱。

图 2-3 海尔智慧家居

2. 智慧家居的发展

随着智慧家居的发展，智能化系统涵盖的内容也从单纯的方式向多种方式相结合的方向发展。但较之于欧美等发达国家和地区，我国的智慧家居系统起步稍晚，所以市场主流的产品还无法很好地解决产品本身与市场需求的矛盾，智慧家居交互平台是较好的手段之一。

智慧家居交互平台是一个具有交互能力的平台，并且通过平台能够把各种不同的系统、协议、信息、内容、控制在不同的子系统中进行交互、交换。其特点如下。

（1）每个子系统都可脱离交互平台独立运行

在智慧家居交互平台中，各个子系统在脱离交互平台时能够独立运行，如报警、电器控制、门禁、家庭娱乐等。各子系统在交互平台的管理下运行，平台能采集各子系统的运行数据，实现系统的联动。

（2）不同品牌的产品、不同的控制传输协议都能通过这个平台进行交互

有了交互平台，不同子系统在交互平台的统一管理下，可以协同工作和运行，进行数据交换、共享，给用户最大限度的选择权，充分体现智慧家居的个性化。同时，智慧家居还具有网关功能，通过交互平台与广域网连接，可以实现远程控制、远程管理。该平台具有多种控制接口，可以根据产品的变化不断增加各种驱动软件和硬件接口，以使用户有更大的选择余地。

（3）智能终端（触摸屏）仅作为各子系统的显示、操作界面

整个系统在平台的控制、管理下运行，智能终端（触摸屏）仅作为各子系统的显示、操作界面，多智能终端配置容易可行。交互平台可记录各子系统的运行数据，为系统运行优化、自学习提供依据。交互平台可以记录并存储各系统的运行数据，对系统的运行提供有效的历史数据，同时可以根据历史的运行数据，总结出用户的使用习惯和某种规律，让系统能够进行自学习。

（4）控制软件可编程（DIY），提供信息服务

系统方便用户改变控制逻辑、控制方式、操作界面，用户的控制逻辑、操作界面可以自定义。在智慧家居系统中，信息服务是非常重要的部分，能给智慧家居更多的“智慧”，给我们的生活提供更多的信息和资讯，给智慧家居赋予更生动的“生命”，是智慧家居更高的境界。信息服务的内容包括健康、烹饪、交通信息、生活常识、婴幼儿哺育、儿童教育、日常购物、社区信息、家居控制专家等，智慧家居不只是面向控制，而且包括信息服务。

（5）多种控制手段

在日常家居生活中，操作终端的形式可以多种多样，可以支持智能遥控器、移动触摸屏、计算机、手机等。

2.2 智慧建筑

2.2.1 智慧建筑概述

智慧建筑指的是将建筑物的结构、系统、服务和管理根据用户的需求进行优化组合，为用户提供一个高效、舒适、便利的人性化建筑环境。建筑智能化不仅可以提高建筑的适用性，降低使用成本，提高安全性，并且可以提高客户的工作效率。

2.2.2 智慧建筑系统与关键技术

1. 智慧建筑系统

智慧建筑系统主要由系统集成中心、综合布线系统、建筑设备自动化系统、办公自动化系统、通信自动化系统五大部分组成。智慧建筑所用的主要设备通常放置在智慧建筑内的系统集成中心。它通过建筑物综合布线与各种终端设备连接，感知建筑物内各个空间的信息，通过计算机进行处理后给出相应的控制策略，再通过通信终端或控制终端给出相应控制对象的动作反应，使建筑达到智能化，从而形成建筑设备自动化系统、办公自动化系统、通信网络自动化系统。

2. 关键技术

智慧建筑技术以控制理论、计算机科学、人工智能、运筹学等学科为基础，包括专家系统、模糊逻辑、遗传算法、神经网络等理论和自适应控制、自组织控制、自学习控制等技术。

(1) 专家系统

专家系统是利用专家知识对专门的或困难的问题进行描述的系统。用专家系统可以构成专家控制。

(2) 模糊逻辑

模糊逻辑用模糊语言描述系统，既可以描述应用系统的定量模型，也可以描述其定性模型。

(3) 遗传算法

遗传算法是一种非确定的拟自然随机优化工具，具有并行计算、快速寻找全局最优解等特点，用于智能控制的参数、结构或环境的最优控制。

（4）神经网络

神经网络是利用大量的神经元按一定的拓扑结构进行学习和调整的方法。它能表现出丰富的特性：并行计算、分布存储、可变结构、高度容错、非线性运算、自我组织、学习或自学习等。

2.2.3 智慧建筑的应用与发展

1. 智慧建筑的应用

（1）美国 UTC 智能建筑中心

UTC 智能建筑中心（见图 2-4）是一个先进的创新和技术体验中心，现代化的连通工作空间可供 500 名员工使用，其环保可持续性建筑符合美国绿色建筑委员会的（能源与环境设计）白金标准。

在该中心员工可以利用一个定制的移动应用程序，进入建筑物，控制其工作区内的温度和照明，并在导向功能的帮助下找到下一个会议场所。此外，办公空间还被设计为开放式和协作式，将员工反馈和专家指导结合在一起，从而提供员工所需且最适合培育创新的工作场所。设施采用了多项高效且环保的技术，使能源、水和二氧化碳的年消耗量均降低。

图 2-4 UTC 智能建筑中心

（2）中国的智慧建筑

北京发展大厦、上海金茂大厦、深圳地王大厦、广州中信大厦、上海环球金融中心等都是智慧建筑。鸟巢国家体育馆（见图 2-5）和上海 2010 年世博会园区等建筑也在不断地智能化。

图 2-5　鸟巢国家体育馆

2. 智慧建筑的发展

智慧建筑发展到现在已经初具规模，也储备了大量相关技术，智慧建筑还要融入智慧城市的建设。随着新一代信息技术快速发展的推动和国家新四化的演变，尤其是在新型城镇化目标的指导下，为了破解城镇化带来的各种“城市病”，智慧城市建设时不我待。而智慧建筑作为智慧城市的重要组成元素，其融入智慧城市应从智慧建筑体系架构确定、设计理念更新、标准与规范完善、访问模式确立、集成融合平台建设、云计算服务平台建设以及嵌入式控制器系统架构等方面来考虑。

2.3 智慧医疗

中国是世界人口第一大国，庞大的人口基数以及快速增长的老龄人口带来了持续增长的医疗服务需求。全民医疗健康与国家战略密切相关。在传统的医疗服务链中有3个主要的环节，分别是医院、医生和患者。每个环节中都有亟待解决的问题，在传统的医患模式中，患者处于被动的地位，而医生处于主导地位，患者普遍缺乏事前预防的意识。在治疗的过程中，由于双方形成的不平等关系导致患者体验差，在诊治完成后没有后续的服务，医生不能对患者的病情进行跟踪。传统医疗行业存在的主要缺陷是医疗资源总量不足和医疗资源分布失衡，医疗服务的社会公平性差。在信息技术与互联网技术快速发展的背景下，物联网已经逐步成形，并且逐渐渗透到了各行各业当中，为很多行业特别是传统行业提供了新的发展动力。在物联网背景下，传统医疗行业迎来了新的发展机遇，同时也面临着巨大的挑战。物联网医疗为传统医疗行业提供了一种新的发展途径，并大幅度地提高了医疗行业的资源整合、配置效率。

2.3.1 智慧医疗概述

智慧医疗是利用先进的网络、通信、计算机以及数字技术，实现医疗信息的智能化采集、转换、存储、传输和处理和各项医疗业务流程的数字化运作，通过打造健康档案区域医疗信息平台，利用最先进的物联网技术实现患者与医务人员、医疗机构、医疗设备之间的互动，逐步达到医疗信息化的新型现代化医疗方式。目前医疗行业将融入更多人工智慧、传感技术和物联网等高科技，使医疗服务走向真正意义的智能化。

目前智能医疗正在逐步走进寻常百姓的生活。随着人均寿命的延长、出生率的下降和人们对健康的关注，现代社会的人们需要更好的医疗系统。这样远程医疗、电子医疗就显得非常重要。借助于物联网、云计算、人工智能、嵌入式系统的智能化设备，可以构建起完美的物联网医疗体系，使全民平等地享受顶级的医疗服务，解决或减少由于医疗资源缺乏导致的看病难等问题。2008年年底，IBM提出了“智慧医疗”的概念，设想把物联网技术充分应用到医疗领域，实现医疗信息互联、共享协作、临床创新、诊断科学以及公共卫生预防等。

2.3.2 智慧医疗系统与关键技术

1. 智慧医疗系统

智慧医疗技术架构共分为3层，分别为应用层、网络层、终端及感知延伸层。智慧医疗技术架构如图2-6所示。应用层根据医疗健康业务场景分为7个系统模块：业务管理系统，包括医院收费和药品管理系统；电子病历系统，包括病人信息、影像信息；临床应用系统，包括计算机医生医嘱录入系统等；慢性疾病管理系统；区域医疗信息交换系统；临床支持决策系统；公共健康卫生系统。

网络层包括有线网络和无线网络，有线方式可支持以太网、串口通信和现场总线等方式，无线方式可支持Wi-Fi、LORA、NB-IOT、移动网、RFID、蓝牙等。网关在网络层与终端及感知延伸层之间进行数据存储和协议转换，并通过接入网发送，对业务终端进行控制管理。

终端及感知延伸层包含为医疗健康监测业务提供硬件保证的各类传感器终端。针对不同的应用，这些传感器终端可以组成相应的传感器网络，如心电监测传感器、呼吸传感器、血压传感器、血糖传感器、血氧传感器和摄像头等设备。

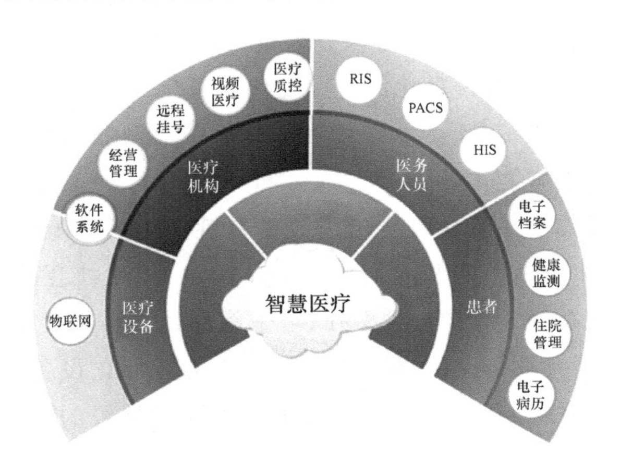

图2-6 智慧医疗技术架构

2. 关键技术

智慧医疗通过更深入的智能化、更全面的互联互通、更透彻的感知和度量，实现医生、患者以及各医疗机构之间的高度协作，达到医疗信息的高度共享，真正实现以患者为中心。智慧医疗的关键技术有如下几种。

（1）物联网技术

国际电信联盟（ITU）把 RFID 技术、传感器技术、纳米技术、智能嵌入技术视为物联网发展过程中的关键技术。在医疗卫生领域，物联网的主要应用技术有物资管理可视化技术、医疗信息数字化技术、医疗过程数字化技术。利用医疗物联网技术可实现即时监测和自动数据采集以及远程医疗监护，利用 RFID 技术可直接进入系统，实时完成设备标识、定位、管理、监控，实现大型医疗设备的充分利用和高度共享，大幅度地降低医疗成本；同时，运用物联网技术可以实现患者、血液以及医护管理等的信息智能化。

（2）云计算技术

云计算是网格计算、分布式计算、网络存储、虚拟化等传统计算机和网络技术发展融合共享的基础架构。在医疗行业的云计算中，病人的电子医疗记录和检验信息都存储在中央服务器中，病人的信息和相关资料可以全球存取，医护人员从因特网激活的设备上可实时获取资料。它的超大规模、虚拟化、多用户、高可靠性、高可扩展性改变了医疗卫生行业的信息化方式，极大地降低了医疗行业信息系统的建设成本，对医疗机构改善患者个性化服务质量提供了强有力的支撑，实现了智慧医疗以患者为中心及其智能化。

（3）移动计算技术

移动计算技术是移动终端通过无线通信与其他移动终端或固定计算设备进行有目的的信息交互的技术。移动计算技术帮助完成对医疗机构内部网络传感器获得的信息进行语义理解、推理和决策，达到无论何时何地，只要需要，就可以通过某种设备访问所需要的信息的目的，实现智能控制。移动计算技术为远地移动对象的检测与预警、数据的快速传送提供支撑，为医护人员的急救赢得了时间。

（4）数据融合技术

数据融合技术是指充分利用不同时间与空间的多传感器信息，采用计算机对按时序获得的若干观测信息，在一定准则下加以自动分析、综合、支配和使用，获得对被测对象的解释与描述，完成所需的决策和评估任务。数据融合技术在临床诊断、治疗、手术导航中，将各种模式的图像进行配准和融合，提供互补的医学信息；实现功能图像与形态图像的融合，精准确定功能障碍区的解剖位置和实现功能/结构关系的评估与研究。数据融合技术对源自多传感器的不同时刻的目标信息或同一时刻的多目标信息进行综合处理、协调优化，大大地提高了医疗系统的智能化与信息化水平。

2.2.3 智慧医疗的应用与发展

在医疗领域，阿里巴巴、腾讯、科大讯飞等相继发布了医疗人工智能产品，他们以人工智能技术为基础，共建智慧医院，拓宽了人工智能在医疗领域的应用范围。不少传统医疗相关企业纷纷引入人工智能人才与技术，医疗行业正处于人工智能产业发展的风口。

物联网技术在医疗领域的应用，能够帮助医院实现对人的智慧化医疗和对物的智慧化管理工作，从而使智慧医疗得以实现和推广。智慧医疗的应用如下。

1. 人员管理智能化

智慧医疗看护系统可以实现对患者的监护跟踪、流动管理以及出入控制与安全。例如，其中的一个婴儿安全管理子系统，加强了对出入婴儿室和产妇病房人士的管理，对母亲与护理人员的身份进行确认，在婴儿被偷抱或误抱时及时发出警报，同时可对新生婴儿的身体状况信息进行记录和查询，确保新生婴儿的安全。

2. 医疗过程智能化

依靠物联网技术通信和应用平台，可以实现实时付费、网上诊断、网上病理切片分析、设备的互通，以及挂号、诊疗、查验、住院、手术、护理、出院、结算等智能服务。

3. 供应链管理智能化

药品、耗材、器械设备等医疗相关产品在供应、分拣、配送等各个环节依托物联网，能够实现对供应链管理系统的趋向智能化。依靠物联网技术，实现对医院资产、血液、消毒物品等的管理。产品物流过程涉及很多企业的不同信息，企业需要掌握货物的具体地点等信息，从而及时做出反应。在药品生产上，通过物联网技术可以对生产流程的各个环节,以及药品的质量把控进行全方位的检测。

4. 医疗废弃物管理智能化

可追溯化是指用户可以通过界面采集数据、提炼数据、获得管理功能,并进行分析、统计、报表,以做出管理决策,这也为企业提供了一个数据输入、导入、上载的平台。

5. 健康管理智能化

健康管理智能化即实行家庭安全监护,实时得到病人的全面医疗信息;进行远程医疗和自助医疗,实现信息的及时采集和高度共享。健康管理智能化可缓解资源短缺、资源分配不均的窘境,降低公众医疗成本。

2.4 智慧交通

2.4.1 智慧交通概述

智慧交通来源于智能交通系统(Intelligent Transport System, ITS),ITS是美国于20世纪90年代初提出的理念。2008年IBM提出"智慧地球"的概念后,智慧交通也于2009年随之而出。智慧交通是在智能交通的基础上,融入物联网、云计算、大数据、移动互联等高新IT技术,通过高新技术汇集交通信息,提供实时交通数据下的交通信息服务。智慧交通大量使用了数据模型、数据挖掘等数据处理技术,实现了交通的系统性与实时性、信息交流的交互性以及服务的广泛性。而之前的智能交通是一个基于现代电子信息技术并面向交通运输的服务系统。智能交通的突出特点是以信息的收集、处理、发布、交换、分析、利用为主线,为交通参与者提供多样性的服务。智能交通的系统层面侧重于技术,而智慧交通侧重于平台层面。

从20世纪90年代到21世纪初,高新技术的发展异常迅速,智能交通到智慧交通的转变是从数据通信传输、电子传感等技术与交通的结合到云计算、物联网等高新技术与交通的结合的转变,是技术的革新。智慧交通系统主要解决交通实时监控、公共车辆管理、旅行信息服务和车辆辅助控制 4 个方面的应用需求。智慧交通应用于公路、铁路、城轨、水运和航运等领域,例如车联网、机场数字化调度(确保航班正点率)、高速公路光纤联网和地铁全网免费 Wi-Fi 等。

位置信息、交通流量、速度、占有率、排队长度、行程时间、区间速度等都是智慧交通最为重要的数据。物联网的大数据平台在采集和存储海量交通数据的同时,可以对关联用户信息和位置信息进行深层次的数据挖掘,发现隐藏在数据里面的有用价值。

随着社会经济和科技的快速发展,城市化水平越来越高,机动车保有量迅速增加。交通拥挤、交通事故救援、交通管理、环境污染、能源短缺等问题已经成为世界各国面临的共同难题。无论是发达国家,还是发展中国家,都毫无例外地承受着这些问题的困扰。智慧交通以现代信息技术为手段,全面提升交通管理和服务水平,使人、车、路密切配合,达到和谐统一,发挥协同效应,提高交通运输效率,保障了交通安全,改善了交通运输环境,提高了能源利用效率。

2.4.2 智慧交通系统与关键技术

1. 智慧交通系统

智慧交通系统是将先进的信息技术、计算机技术、数据通信技术、传感器技术、电子控制技术、人工智能技术、云计算技术、物联网技术和大数据处理技术等运用于交通运输、服务控制和车辆制造,加强车辆、道路、使用者三者之间的联系,以保障安全、提高效率、改善环境、节约能源的综合运输系统。智慧交通系统是未来交通系统的发展方向,它将建立一种大范围,全方位发挥作用的,实时、准确、高效的综合交通运输管理系统,使交通系统在区域、城市甚至更大的时空范围内具备感知、互联、分析、预测、控制等能力,充分保障交通安全,发挥交通基础设施效能,提升交通系统运行效率和管理水平,为通畅的公众出行和可持续的经济发展服务。

2. 关键技术

智慧交通中融入了物联网、云计算和人工智能等高新技术来汇集和处理信息,实现交通的系统性与实时性、信息交流的交互性以及服务的广泛性。智慧交通中的关键技术有如下几种。

(1) 传感感知技术

智能识别和无线传感技术是标识和感知物体最重要的技术手段,是整个智慧交通建设的基础。智能识别即在每个物体中嵌入唯一识别码,识别码可以利用条码、二维码或 RFID 等有源或无源标签实现,这些标签中含有它们独特的信息,包括特征、位置等信息,这些信息被智能设备读取并上传至上层系统进行识别处理和最终决策。无线传感网络是部署在目标检测区域内的大量传感器节点构成的传感器网络,节点之间通过无线网络交换信息,其有灵活、低成本和便于部署的优势。在智慧交通网络中,传感器分为采集节点和汇聚节点,每个采集节点都是一个小型嵌入式信息处理系统,负责环境信息的采集处理,然后发送至其他节点或传输至汇聚节点;汇聚节点接收到各采集节点传来的信息并进行融合后,再将其传送至上一级处理中心。作为物联网的底层网络,无线传感网络为智慧交通提供了一个更加安全、可靠、灵敏的解决方案。智慧交通的感知层实现对车辆、道路等物体信息的实时感知和获取,例如,车辆有图像传感器、超声波雷达、激光雷达等,道路有红外线传感器、摄像头、环形线圈检测器、压电传感器、微波交通检测器等,这些传感器获取的信息是智慧交通数据的重要来源。

(2) 智慧交通云计算技术

智慧交通云计算主要面向交通服务行业,充分利用云计算的海量存储、信息安全、资源统一处理等优势,为交通领域的数据共享和有效管理提供了便利。云计算是指将大量高速计算机集中在 Internet 上,构成一个大型虚拟资源池,为远程上网终端用户提供计算和存储服务的技术。用户只需要事先租用云计算服务商提供的服务,便能根据需要自由使用云端资源,而不需要购买任何软硬件。智慧交通云计算可以为用户提供按需使用的虚拟服务器、直接用于软件开发的 API 或开发平台、交通信息服务管理应用。智慧交通云计算平台可以实现海量数据的存储、预处理、计算和分析,能有效地缓解数据存储和实时处理的压力,在智慧交通领域发挥了强大的作用。

(3) 交通数据处理技术

在智慧交通中数据的海量性、多样性、异构性决定了数据处理的复杂性,从交通设施及来往车辆数据的采集,到交通事件的判定检测,都需要对数据进行实时、准确的处理。在智慧交通中常用的数据处理技术有数据融合(data fusion)、数据挖掘(data mining)、数据活化(data vitalization)、数据可视化(data visualization)等,还要做到数据的选择性上传,保证个人隐私数据的安全。数据融合是一种涉及人工智能、通信、决策论、估计理论等多个领域的综合性数据处理技术,能从数据层、特征层和决策层3个层次上对多源信息进行探测、通信、关联、估计和分析。数据融合涉及的传感器种类过多,信息获取过于频繁,融合之前还需要对数据进行时间和空间的预处理。智慧交通应用产生的交通信息数据量越来越大,采用数据挖掘可以从海量的独立数据中发掘出真正有价值的信息,将这些有噪声的、模糊的、无规律的数据处理成有用的数据。数据活化是一种新型数据组织和处理技术,赋予数据生命。数据活化最基本的单位是“活化细胞”,即兼具存储、映射、计算等能力,能随物理世界中数据描述对象的变化而自主演化,随用户行为对自身数据进行适应性重组的功能单元。数据活化将为交通领域带来一场颠覆式的变革。未来的智慧交通将逐渐以数据为驱动的方向发展,即采用多种手段对POI、GPS、客流情况等智能交通数据进行分析,由数据的分析结果来了解城市的交通情况,为居民提供导航、定位、公告、交通引流等服务。

(4) 智慧交通系统集成技术

不同省区市、不同部门、不同场景的智慧交通系统尚为分散状态,无法共享数据,形成了一个个信息孤岛,导致前期投入成本很高,却无法发挥其应有的作用。因此,智慧交通系统集成技术的研究至关重要。智慧交通领域的系统集成可分为数据集成和设备集成。数据集成有两种应用方式,一种是单个平台系统内部数据的融合,如车辆检测模块中多个传感器信息的融合处理,另一种是多平台多传感器不同时期相关数据的分析处理,通过融合得到潜在数据并对交通信息进行预测。设备集成是因为当前旧系统需要平滑过渡到智慧交通阶段,还不能立刻被取代。可以制定统一的智慧交通标准体系和管理规范,建立规范的管理平台,将智慧交通产业链中的政府资源、企业资源、科研资源融合在一起,然后由大型企业牵头促进协调智慧交通的产业化，最终形成完整的智慧交通管理体系。

2.4.3 智慧交通的应用与发展

交通是城市经济发展的动脉，智慧交通是智慧城市建设的重要组成部分。智慧交通能缓解交通拥堵，改善城市交通状况，发挥最大城市交通效能，故建立人、车、路、环境协调运行的新一代综合交通运行协调体系，提高城市交通系统的整体运行效率，在智慧城市的建设浪潮中发挥着非常重要的作用。随着5G、物联网、人工智能、大数据等技术的驱动，智慧交通的建设逐渐进入了快车道。智慧交通的应用分为智能票务系统、交通管理系统、乘客信息管理系统、货运信息系统以及联网车辆等其他子版块。智慧交通的关键应用有如下几种。

1. 自动驾驶

自动驾驶系统采用先进的通信、计算机、网络和控制技术，对汽车实现实时、连续控制。无人驾驶不仅能减少交通事故，还能大幅减少交通拥堵情况。由于汽车系统足够精确，可让车辆执行适当的速度感应，这样事故发生的可能性会更小。汽车自动驾驶并且随时监控周边的车辆，不容易发生事故，相比司机驾驶来讲，安全系数更高一些。从驾驶人员群体来讲，自动驾驶减少了对驾驶技术、驾驶人年龄的限制，老人、小孩以及一部分技术不好的人都可以轻松乘车出门。自动驾驶不仅可以缓解疲劳驾驶的问题，还能节省出很大一部分人力。

2. 车联网

车联网技术将车辆位置、路线、速度等信息发送到智能网联平台，系统会自动为车辆安排行驶的最佳路线，避免了走错路、迷路、堵车等问题，减少了人们查询和规划路线的时间。车联网技术不但拥有导航路线，还有车辆检测、远程控制、位置提醒、车辆定位等功能，让更有序、更高效成为现实，赋予车辆通过网络互通互联、进行信息交换的功能，让车与车之间可以互相沟通交流，为出行带来颠覆性的变革，为智慧交通提供全新动力。

3. 智慧交通监控系统

随着监控系统的广泛部署，先进的视频监控技术手段在智慧交通中发挥了重要作用。可视化交通是发展趋势,系统通过全面部署,对车与行人都可以进行信息化的搜索分析,不但可以指挥调度车辆,还可以对危险运输、应急救援等提供管理和服务。智慧交通监控系统通过对交通路况的监控,全面监视城市里的每一个交通枢纽,经过视频分析办法对监控画面中的机动车、非机动车和行人进行分类检测和车辆特征辨认,为交通状况监控、交通肇事逃逸追捕、刑事治安案件的侦破等提供头绪和证据,大大地提高了交通管理水平以及办案成功率。

4. 智慧路灯

智慧路灯作为智慧城市的重要数据入口,集照明、监控、环境监测、LED显示、一键报警、交通指示灯等功能于一体,对交通路况的监测指挥有重要的帮助,还可以让人们在危险以及需要求助的情况下报警,系统平台可以快速地定位报警人员的位置,并且可以通过灯杆上的显示屏与报警人员进行视频通话。智慧路灯系统可以实现按需照明,通过实时采集照明数据,单独调节每一盏路灯的亮度,为城市节能。未来还可以依托于智慧路灯建立城市物联网系统,各类应用可全方位地接入物联网。

5. 智慧停车

在城市生活中,经常遇到停车问题,很多车辆外出时迫于无奈只能停在路边,不仅影响道路交通,还会被剐蹭,给城市交通造成压力。智慧停车系统可以提高车位利用率,提升停车效率,而且收费透明。

6. 高速公路移动支付

为了缓解由于现金支付等造成的行车速度慢、收费口堵车的问题,移动支付等更便捷的"无感支付"方式在大力被推行。无感支付中有两个代表性的支付方式:扫码付和车牌付。扫码付是指车主可在无感支付车道使用微信、支付宝、银联、招行一网通等第三方支付方式进行支付。车牌付包括ETC不停车收费和入口处领通行卡、出口处交还通行卡两种方式,系统自动识别车牌并完成后台扣费,还会推送通行和缴费信息以及收费模式到用户手机上。这在极大程度上缓解了收费处人员的高强度工作。智慧交通可以解决城市面临的出行资源供需矛盾的难题,让城市里的交通体系互联互通,为城市居民提供更加便捷的智慧出行，创造有序、畅通、安全、绿色、文明的道路交通出行环境。

2.5 智慧电网

2.5.1 智慧电网概述

基于物联网技术的智慧电网是以电网为基础，将现代先进的传感测量技术、通信技术、信息技术、计算机技术和控制技术与物理电网集成而形成的新型智慧电网。智慧电网的优势在于可以根据电力需求来优化资源配置，大大地提高了设备的利用率和传输容量，具有智能性，与客户之间的互动增强了用电系统的安全性和可靠性。

各种灾害造成的影响越来越严重，它们对电网的安全稳定工作提出了诸多新挑战，智慧电网成为现代电网发展的新趋势，智慧电网应具有高灵活性、高可接入性、高可靠性、高经济性等特点，并且其应该更高效、更安全。

中国国家电网公司智慧电网计划包括：以坚强的智慧电网为基础，以通信信息平台为支撑，以智能控制为手段，包含电力系统的发电、输电、变电、配电、用电和调度各个环节，覆盖所有电压等级，实现“电力流、信息流、业务流”的高度一体化融合，构建坚强可靠、经济高效、清洁环保、透明开放、友好互动的现代电网。

2.5.2 智慧电网系统与关键技术

1. 智慧电网系统

对于智慧电网的实现，首先需要实现电网各个环节重要运行参数的在线监测和实时信息掌控，基于物联网的智能信息感知末梢，推动智慧电网的发展。智慧电网可充分满足用户对电力的需求，并且智慧电网能够优化资源配置，确保电力供应的安全性、可靠性和经济性，满足环保约束，保证电能质量，实现对用户可靠、经济、清洁、互动的电力供应和增值服务。

面向智慧电网应用的物联网主要包括感知层、网络层和应用服务层。

感知层主要通过各种新型传感器，并基于嵌入式系统的传感器等智能采集设备，实现对智慧电网各应用环节相关信息的采集。

网络层以电力通信网为主，辅以电力线载波通信网、无线宽带网，转发从感知层设备采集的数据，负责物联网与智慧电网专用通信网络之间的接入，主要用来实现信息的传递、路由和控制。在智慧电网的应用中，考虑对数据安全性、传输可靠性及实时性的严格要求，物联网的信息传递、汇聚和控制主要借助于电力通信网实现，在条件不具备或某些特殊条件下也可依托于无线公共网。

应用服务层主要采用智能计算、模式识别等技术，实现电网相关数据信息的综合分析和处理，进而实现智能化的决策、控制和服务，从而提升电网各个应用环节的智能化水平。

2. 关键技术

(1) 高级读表体系和需求侧管理

智慧电网的核心在于构建具备智能判断与自适应调节能力的多种能源统一入网的和分布式管理的智能化网络系统，其可对电网与用户用电信息进行实时监控和采集，并且采用最经济与最安全的输配电方式将电能输送给终端用户，实现对电能的最优配置与利用，可提高电网运营的可靠性和能源利用的效率。电网的智能化首先需要精确地获得用户的用电规律，从而对需求和供应有一个更好的平衡。

高级读表体系由安装在用户端的智能电表、位于电力公司内的计量数据管理系统和连接它们的通信系统组成，近年来，为了加强需求侧管理，又将其延伸到用户住宅的室内网络。智能电表可根据需要设定计量间隔，并具有双向通信功能，支持远程设置、接通或断开、双向计量、定时或随机计量读取。高级读表体系为电力系统提供了系统范围的可观性，可以使用户参与实时电力市场，而且能够实现对诸如远程监测、分时电价和用户侧管理等的更快和更准确的系统响应，构建智能化的用户管理与服务体系，实现电力企业与用户间双向互动管理与服务功能，以及营销管理的现代化运行。

随着技术的发展，将来的智能电表还可能作为互联网路由器，推动电力部门以其终端用户为基础，进行通信、运行宽带业务或传播电视信号的整合。

（2）高级配电自动化

高级配电自动化将包含系统的监视与控制、配电系统的管理以及与用户的交互，通过与智慧电网的其他组成部分协同运行，可改善系统监视电压管理、降低网损、提高资产使用率、辅助优化人员调度和维修作业安排等。西方发达国家的配电自动化有3个阶段：第一阶段是20世纪70年代实现重要线路故障自动隔离、自动抄表等；第二阶段从20世纪80年代开始，进行了大量的配电自动化试点工作及馈线自动化、营业自动化、负荷控制的试点工作；第三阶段从20世纪末开始，伴随计算机与网络通信技术的发展以及电力工业市场化的改革，以配电管理系统、配电自动化、用户自动化为主要内容的综合自动化成为配电网自动化的发展方向。

（3）智能调度技术

智能调度是智慧电网建设中的重要环节，调度的智能化是对现有调度控制中心功能的重大扩展，智慧电网调度技术支持系统则是智能调度研究与建设的核心，是全面提升调度系统驾驭大电网和进行资源优化配置能力、纵深风险防御能力、科学决策管理能力、灵活高效调控能力和公平友好市场调配能力的技术基础。调度智能化的最终目标是建立一个基于广域同步信息的网络保护和紧急控制一体化的新理论与新技术，区域稳定控制系统、紧急控制系统、恢复控制系统等具有多道安全防线的综合防御体系智能化调度的核心是在线实时决策指挥，目标是灾变防治，实现大面积连锁故障的预防。

（4）智能配电技术

在智能配电网中，智能配电装备的设计是一体化的，具有性能可靠、功能模块化、接口标准化的特点，智能配电装备是集采集、控制和保护等功能为一体的集成装备。

（5）智能配电网自愈技术

自愈技术让配电网具有自我预防、自我修复和自我控制的能力。随着分布式电源和电动汽车充换电设施的接入，以及配电网规模的不断扩大，配电网的复杂程度不断加大，会自学习、自适应，才能满足智能配电网的要求,实现事故前风险消除和自我免疫。

(6) 分布式电源并网与微电网技术

未来的配电网将接纳大量的分布式能源,需要分布式电源并网与微电网技术。

2.5.3 智慧电网的应用与发展

智慧电网的核心是构建具备智能判断与自适应调节能力的多种能源统一入网和分布式管理的智能化网络系统,其对电网与客户用电信息进行实时监控和采集,采用最经济、最安全的输配电方式将电能输送给终端用户,实现对电能的最优配置和利用,提高电网运行的可靠性和能源利用的效率。物联网技术在智慧电网领域的作用如下。

1. 在能源接入方面

智慧电网可以更方便、更迅速地让可再生能源发电等新型电力入网。通过物联网技术在智慧电网中的应用,可以对风能、太阳能等新能源发电进行在线监测、控制,以及及时预测分布式电源的功率变化,从而使分布式发电系统在可控的范围内,这不仅消除了分布式电源给电网带来的扰动,而且可以满足智能调度系统的需要,参与调峰。

2. 在输配电调度方面

通过物联网技术的应用,遍布电网的传感器可及时感知电网内部的运行状况,比如电压、电流的变化,预测故障的发生,通过网络重构改变潮流的分布,将故障遏制在萌芽状态,实时将信息反馈给调度中心。物联网技术的应用还能够辅助调度人员在保证安全运行的前提下优化网络的运行方式,节省能源消耗,推动低碳经济。

3. 在安全监控与继电保护方面

输电线路状态在线监测是物联网的重要应用,它可以提高系统对输电线路运行状况的感知能力,输电线路状态在线监测包括外界实时气象条件、线路覆冰、导地线的微风震动、导线温度与弧垂、输电线路风偏、杆塔倾斜等内容的监测。物联网技术的应用能够把电网中有问题的元件从系统中隔离出来,并在无须人为干预的情况下使系统迅速恢复到正常运行状态,不中断对用户的供电服务。

电力设备巡检能有效地保证电力设备的安全，提高电力设备的可靠率，确保电力设备正常工作。在智慧电网监管的过程中，可通过物联网技术完成自动巡检，发现问题、及时报告并解决问题。

4. 在用户用电信息采集方面

通过物联网技术的应用，每个电表都会通过无线传感模块，与用户集抄管理终端联系，终端再将这些信息发送给电力公司，从而不需要抄表员，实现实时对用户用电缴费情况的管理。一方面，通过大量信息的挖掘，可以计算出一定时间段的用电动态需求量，再将这一信息及时反馈到发电企业，按需发电，在提升电网智能程度的同时，避免了无效发电的成本浪费；另一方面，借助智能电表内部强大的计算能力，还可以进行可靠的电能管理，比如分时管理、用户用电情况分类管理、最大负荷控制等，通过这些管理为一些高耗能的设备从用电高峰时段转到非用电高峰时段提供优惠折扣，实现错峰避峰用电。

5. 在用户侧用电方面

智能家居中各种用电设备都集成了智能用电芯片或安装了智能用电插座，根据电器各自的运行特性优化运行，以节能省电，还可以将不同类型的智能家电终端节点进行组网节电。

2.6 智慧工业

2.6.1 智慧工业概述

18世纪英国人瓦特发明了蒸汽机，引发了第一次工业革命，开创了以机器代替手工工具的时代。在21世纪互联网浪潮的带领下，出现了很多新的技术，工业网络和移动计算持续影响着制造业和工业环境。

这些技术帮助全球制造商和组织将诸如“互联工厂”“工业4.0”和工业物联网的设想转变为现实。人工智能技术、虚拟现实技术和增强现实技术一步步地推动着各个行业的发展，包括工业、医疗等各个领域。这样就逐渐地衍生出了智慧工业这个概念，智慧工业是指将具有环境感知能力的各类终端、基于泛在技术的计算模式、移动通信等不断融入工业生产的各个环节，大幅提高制造效率，改善产品质量，降低产品成本和资源消耗，将传统工业提升到智能化的新阶段。

智慧工业主要以企业作为驱动，将工业里的物理设备、通信网络、控制终端相互结合起来。在科学技术日益变化的时代里，智慧工业在人工智能和物联网技术的推动下，其通信网络和控制终端将出现巨大的变化。智慧工业在各大企业的技术驱动下，将带动整个工业界以及其他行业的快速发展。智慧工业将科学技术和企业相融合，创新地推动了工业界的发展。这带来了产品种类的衍生和价值的提高、工业界效率的提高、新工业产业的衍生、业态的发展。

2.6.2 智慧工业系统与关键技术

1. 智慧工业系统

在工业 4.0 的大环境下，如何实现高效、快捷、稳定的生产，是我们需要解决的问题。智慧工业系统的框架如图 2-7 所示。

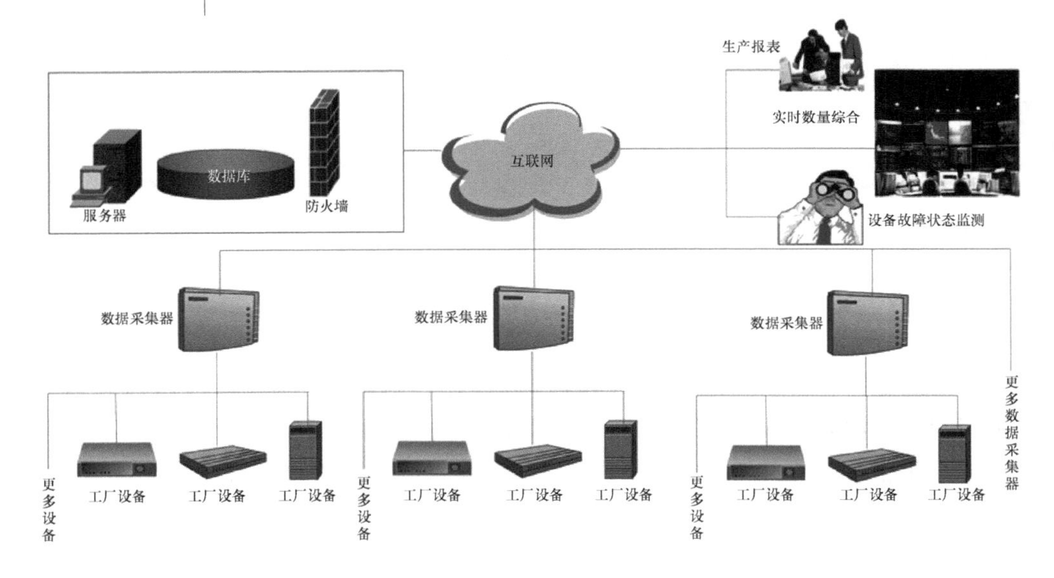

图 2-7　智能工业系统结构图

自从德国提出工业 4.0 的概念，积极倡导和实践并取得丰硕成果之后，全球掀起了工业价值链及其产品转向数字化与联网的热潮，在一个智能化、网络化的世界里，物联网将渗透到所有关键领域，发掘新价值的进程逐步发生改变，产业链的分工将重组，智能制造产品和服务的盈利能力显著提升。智慧工业技术可以实现远程监控工厂实验室的状况。采用工业机器人操作流水线上的工作，可以使人们避免一些危险性的工作。在工业 4.0 时代，人们只需要远程管理工厂即可，真正实现了智慧工业。

2. 关键技术

智慧工业是工业与物联网相结合的新型智能技术，物联网智慧工业的主要架构技术可从物理感知层、工业网络层、应用层来论述。物联网智慧工业关键技术架构如图 2-8 所示。

在物理感知层，工业界主要用到传感器（视频信号采集、异常监测机制等传感器），并需要使用自动识别技术、无线传输技术、自组织组网技术等。工业网络层的作用：物理感知层中的感应设备将相关物体的信息传输到网络节点上，再通过工业网络层的移动通信网、互联网和其他网络连接各个服务器，使客户可以根据自己的需求获取物品的信息。应用层主要涵盖智能终端控制、云计算平台支持、公共中间件，可以在应用层上进行人机交互式管理。

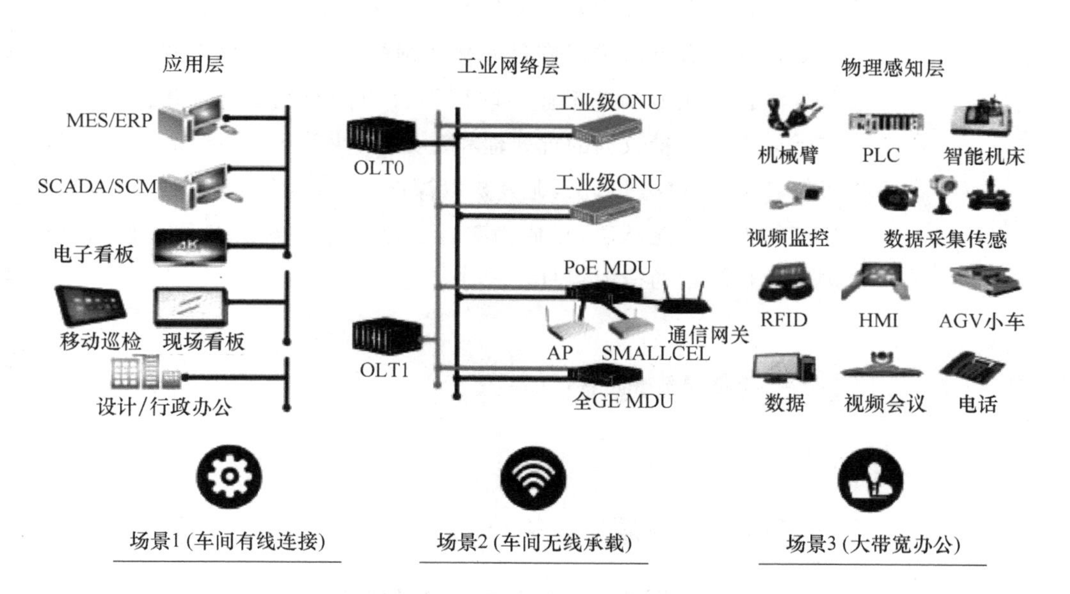

图 2-8 物联网智慧工业关键技术架构图

2.6.3 智慧工业的应用与发展

工业化的基础是自动化，自动化主要应用在复杂的工业工厂里。一个智慧工业管理系统可以实现一个工厂的安全生产，也可以使工厂便于管理。智慧工业的发展主要分为工业大数据和工业与人工智能两个方向。

1. 工业大数据

工业大数据基于工业云计算服务平台进行海量的数据存储、数据挖掘和可视化呈现。工业大数据推动互联网由以服务个人用户消费为主向以服务生产性应用为主转变，由此导致产业模式、制造模式和商业模式的重塑。大数据与智能机床、机器人、3D 打印等技术相结合，推动了柔性制造、智能制造和网络制造的发展。工业大数据与智能物流、电子商务的联动，进一步加速了工业企业销售模式的变革，如精准营销配送、精准广告推送等。

2. 工业与人工智能

工业与人工智能方法将会带来工业数据的快速增长，传统的数学统计与拟合方法难以满足海量数据的深度挖掘，大数据与机器学习方法正在成为众多工业互联网平台的标准配置。大数据框架被广泛应用于海量数据的批处理和流处理，决策树、贝叶斯、支持向量机等各类机器学习算法，尤其是以深度学习、迁移学习、强化学习为代表的人工智能算法，正成为工业互联网平台解决各领域诊断、预测与优化问题的得力工具。

2.7 智慧城市

2.7.1 智慧城市概述

智慧城市是指运用信息和通信技术手段感测、分析、整合城市运行核心系统的各项关键信息，从而对包括民生、环保、公共安全、城市服务、工商业活动在内的各种需求做出智能响应。其实质是利用先进的信息技术，实现城市智慧式管理和运行，进而为城市中的人创造更美好的生活，促进城市的和谐、可持续发展。

智慧城市主要有3个方面。

① 智慧城市建设以信息技术应用为主线，智慧城市是城市信息化的高级阶段，涉及信息技术的创新应用，信息技术包括物联网、云计算、移动互联网和大数据等技术。

② 智慧城市是一个复杂的、相互作用的系统，在这个系统中，信息技术与其他资源要素优化配置并共同发生作用，以促使城市更加智慧地运行。

③ 智慧城市是城市发展的新兴模式，智慧城市的服务对象面向城市主体——政府、企业和个人，结果是城市生产、生活方式的变革、提升和完善，使人类拥有更美好的城市生活。

2.7.2 智慧城市系统与关键技术

智慧城市利用物联网、云计算、人工智能等新一代信息技术以及维基、社交网络等工具和方法，实现全面透彻的感知、宽带泛在的互联、智能融合的应用以及以用户创新、开放创新、大众创新、协同创新为特征的可持续创新。伴随网络帝国的崛起、移动技术的融合发展，知识社会环境下的智慧城市是继数字城市之后信息化城市发展的高级形态。

1. 全面透彻的感知

通过传感技术可实现对城市管理各方面的监测和全面感知。智慧城市利用各类随时随地的感知设备和智能化系统，智能识别、立体感知城市环境、状态、位置等信息的全方位变化，对感知数据进行融合、分析和处理，并能与业务流程智能化集成，继而主动做出响应，促进城市各个关键系统和谐高效地运行。

2. 宽带泛在的互联

各类宽带有线、无线网络技术的发展为城市中物与物、人与物、人与人的全面互联、互通、互动，为城市各类随时、随地、随需、随意的应用提供了基础条件。宽带泛在网络作为智慧城市的“神经网络”,增强了智慧城市作为自适应系统的信息获取、实时反馈、随时随地智能服务的能力。

3. 智能融合的应用

现代城市及其管理是一类开放的复杂系统,新一代全面感知技术的应用进一步增加了城市的海量数据。基于云计算,通过智能融合技术的应用实现对海量数据的存储、计算与分析,并引入综合集成法(综合集成研讨厅),通过人的智慧参与,大大地提升了决策支持的能力。基于云计算平台的智慧工程,将构成智慧城市的大脑,推动从个人通信、个人计算到个人制造的发展,推动实现智能融合、随时、随地、随需、随意的应用,进一步彰显了个人的参与和用户的力量。

2.7.3 智慧城市的应用与发展

智慧城市是信息社会时代,以物联网、云计算、移动互联网等信息为支撑的必然产物,现代信息技术的快速发展为智慧城市的创新发展提供了技术支撑。

智慧城市的建设包含如下几个部分。

① 物联网开放体系架构:包括物联网开放体系架构方案、物联网基础设施,掌握网络发展和网络空间安全的主导权、主动权和主控权。

② 城市开放信息平台:基于“平台+大数据”,构建城市资源大数据通用服务平台,实现数据共融共享,消除信息孤岛,保障数据安全,提高大数据应用水平。

③ 城市运行指挥中心:全面感知城市的运转,将感知数据接入社会及网络数据,实现跨部门的协调联动,提升对突发事件的应急处置效率。

④ 网络空间安全体系:包括城市基础设施安全、城市数据中心安全、城市虚拟社会安全等。智慧城市是经济转型、产业升级、城市提升的新引擎,可提升民众生活幸福感、企业经济竞争力,并推动城市的可持续发展。

随着国家智慧城市试点工作的推进和指标体系的逐步完善,我们需逐步规范和推动国内智慧城市的健康发展。国家智慧城市试点工作在试点探索和指标体系的实施过程中，对国内智慧城市建设存在的诸多误区和认识进行了矫正和澄清。智慧城市引领的新型城市化是低碳、智慧、幸福及可持续发展的城市化，也是以人为本、质量提升和智慧发展的城市化。

第3章 物联网体系架构

物联网是指通过射频识别、红外感应器、激光扫描器等信息传感设备获取物体信息，按约定的协议，把物体与互联网连接起来，进行信息交换和通信，实现智能化识别、定位、跟踪、监控和管理。本章介绍物联网的三层体系结构。

3.1 物联网体系

物联网的体系结构分为三层，底层是物联网感知层，功能是感知世界，主要完成信息的采集、转换和收集；中间层是物联网网络层，功能是传输数据，主要完成信息的传递和处理；上层是物联网应用层，功能是处理数据，主要完成数据的管理和数据的处理，并将这些数据与行业应用相结合。物联网的三层结构如图 3-1 所示。

3.2 感知层

感知层由具有感知、识别控制和执行等能力的多种设备构成。感知层采集物品和周围环境的数据，完成对现实物理世界的认知和识别。传感器技术涉及信息处理、开发、制造和评价等许多方面。

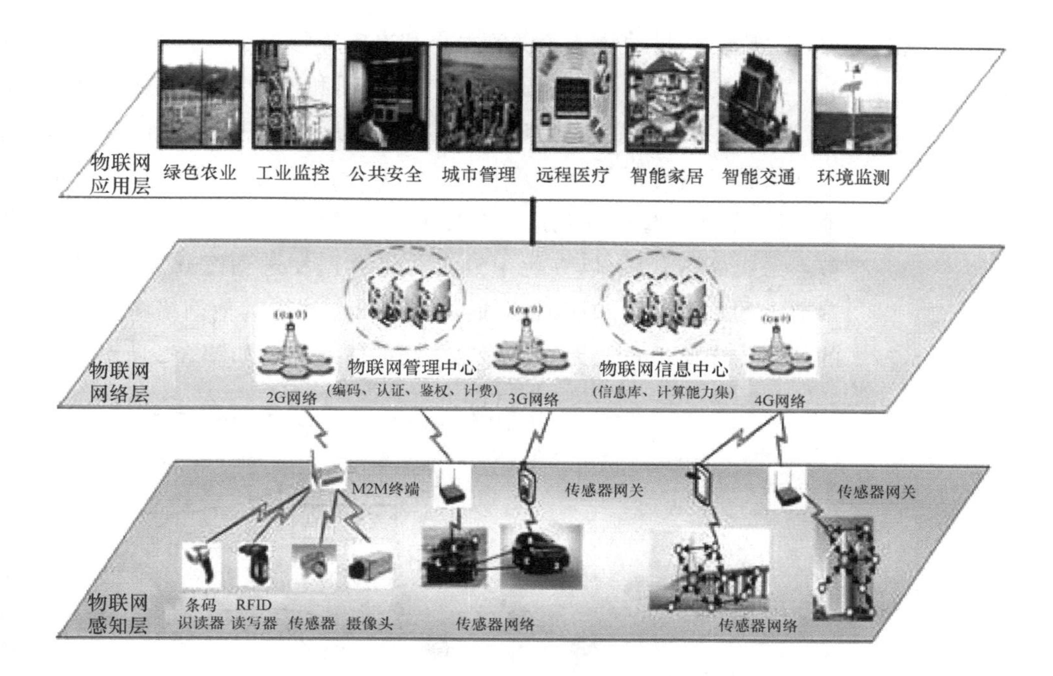

图 3-1 物联网的三层结构图

3.2.1 感知现实世界

感知层的功能是采集物品信息,传递控制信号。物联网采用电子标签、二维码、无线传感器等多种传感和编码技术获取信息,通过采集信息辨识物理世界。

感知层主要通过传感器获取物理世界的信息,传感器能把被观测量转换为电信号,然后进行相应的信号处理。传感器按使用方式分为接触测量式传感器与非接触测量式传感器;按测量的物理量分为位移传感器、加速度传感器、测力传感器、压力传感器、光传感器等。传感器由敏感元件、二次转换元件及外壳等附件组成。

传感器网络是将多个传感器通过信息传输网络连接在一起而构成的信息收集网络。无线传感器网络的核心是传感器节点,传感器节点由传感器单元、数据处理单元和无线通信模块、电源模块、外部存储模块等构成。节点中内置功能多样的传感器,测量周边环境中的热、红外、声呐等信号,从而探测温度、湿度、噪声、光强度、压力、土壤成分、移动物体速度的大小和方向等物理量。

单一的传感器节点在通信、能量、处理和储存等多个方面有限制，通常是大量传感器节点通过组网连接形成传感器网络，这样整个网络就具备应对复杂计算和协同信息处理的能力，能够更加灵活地、以更强的鲁棒性来完成感知任务。无线传感器网络中的传感器节点采集到信息后，以多跳中继方式将数据发送到汇聚节点，经汇聚节点的数据融合和压缩后，通过 Internet 或者其他网络将监测到的信息传递给用户。无线传感器网络的体系结构如图 3-2 所示。

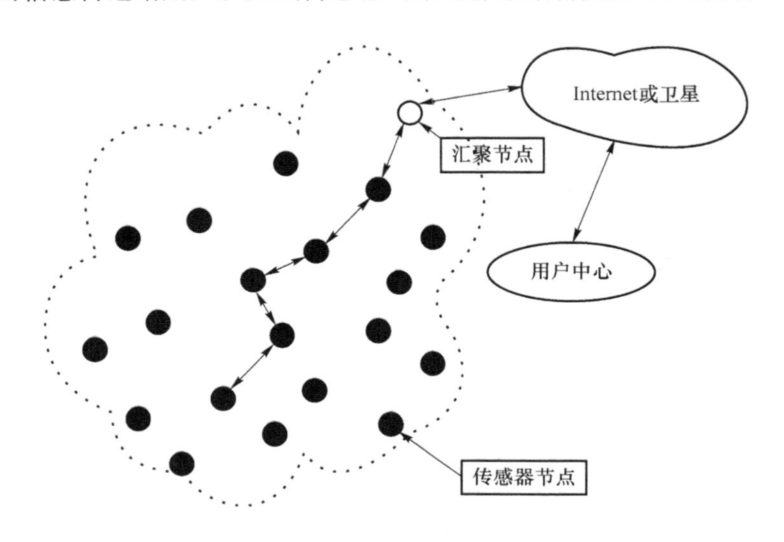

图 3-2　无线传感器网络的体系结构

无线传感器网络部署完成后，监测区域内的节点以自组织的形式构成网络。无线传感器网络的特点有如下几个。

（1）分布式、自组织性

无线传感网由对等节点构成，不存在控制中心，不依赖固定的基础设施，每个节点都具有路由功能，可以通过自我协调、自动布置而形成网络。

（2）网络节点数量大、分布密度高

为了获取监测环境中完整精确的信息，可在一个无线传感器网络中部署大量的节点，以便提高监测区域的监测精确度，有大量冗余节点协同工作，可提高系统的容错性和覆盖率。

(3) 可扩展性

当网络中增加新的无线传感器节点时,直接在原有的无线传感器网络的基础上新增节点即可使其快速融入网络,参与全局工作。

(4) 网络节点的计算能力、储存能力和电源能量有限

传感器节点不方便充电,故其要求功耗必须小,这就限制了携带的处理器的容量。

无线传感器网络的研究与应用涉及多个学科的交叉,主要涉及以下几种关键技术。

(1) 网络拓扑控制

拓扑控制是传感器节点实现无线自组织的基础,良好的拓扑结构能够提高数据链路层和网络层传输协议的效率,延长网络的生命周期。

(2) 网络协议

数据有效地从传感器节点传送到终端节点,依赖于良好的网络传输协议。

(3) 网络安全

保证数据可靠传输、完整传输的同时,避免丢失、泄露、篡改是网络安全需要解决的问题。

(4) 时间同步

无线传感器网络是由很多节点共同组成的,各个节点能够协调工作的前提是时间同步。

(5) 无线通信技术

无线传感器网络通过无线通信技术互联在一起,进行信息的交互与转达,无线通信技术有 ZigBee 协议、Wi-Fi 协议等。

3.2.2 执行反馈决策

物品利用传感器技术感知外界,它们还可以相互通信并迅速做出响应,根据执行节点的信息反馈至感知层,来执行反馈决策。应用模式为智能感知环境,对行为进行跟踪,综合各种信息进行决策,进一步优化流程,配置资源。整个系统通过物联网的感知-决策-反馈流程得以优化。

3.3 网络层

网络层完成信息的传输,把感知层感知到的信息安全可靠地传送到信息中心。网络层主要进行信息的传递,包括接入网和核心网,接入方式多种多样,接入网有移动网络、无线接入网络和固定网络等,核心网大多数是基于互联网的。

3.3.1 互联网与 NGI

互联网(Internet,因特网)的基础是 TCP/IP 协议。TCP/IP 协议是一种 5 层的分层体系结构,从底层开始分别是物理层、数据链路层、网络层、传输层和应用层,每一层都通过调用它的下一层所提供的网络任务来完成自己的需求。

物理层规定通信设备的机械的、电气的、功能的和规程的特性,用以建立、维护和拆除物理链路连接。机械特性规定了网络连接时所接插件的规格尺寸、引脚数量和排列情况等;电气特性规定了在物理连接上传输比特流时线路上信号电平的大小、阻抗匹配、传输速率、距离限制等;功能特性是指对各个信号先分配确切的信号含义;规程特性定义了利用信号线进行比特流传输的一组操作规程。在物理层,数据的单位是比特(bit)。

数据链路层实现了网卡接口的网络驱动程序,以处理数据在物理媒介上的传输。在数据链路层两个常用的协议是 ARP(Address Resolve Protocol,地址解析协议)和 RARP(Reverse Address Resolve Protocol,逆地址解析协议)。它们实现了 IP 地址和机器物理地址之间的相互转换。ARP 的用途是:网络层使用 IP 地址寻址一台机器,而数据链路层使用物理地址寻址一台机器,因此网络层先将目标机器的 IP 地址转化成其物理地址,才能使用数据链路层提供的服务。RARP 仅用于网络上某些无盘工作站。因为缺乏存储设备,所以无盘工作站无法记住自己的 IP 地址,只能利用网卡上的物理地址来向网络管理者查询自身的 IP 地址。运行 RARP 服务的网络管理者通常存有该网络上所有机器的物理地址到 IP 地址的映射。

网络层实现数据报的选路和转发。网络层的任务是选择路由器等中间节点，确定两台主机之间的通信路径，对上层协议隐藏网络拓扑连接的细节，使得在传输层和网络应用程序看来，通信双方是直接相连的。网络层最核心的协议是 IP 协议(因特网协议)。IP 协议根据数据包的目的 IP 地址来决定如何投递它，IP 协议使用逐跳(hop by hop)的方式确定路径。网络层另外一个重要的协议是 ICMP(Internet Control Message Protocol，因特网控制报文协议)，主要用来检查网络连接。ICMP 报文分为两类：一类是差错报文，用来回应网络错误；另一类是查询报文，用来查询网络信息。ping 程序就是使用 ICMP 报文来查看目标报文是否可达的。

传输层为两台主机的应用程序提供端到端的通信。与网络层使用的逐跳通信方式不同，传输层只关心通信的起始端和目的端。传输层负责数据的收发、链路的超时重发等。传输层主要有 3 个协议：TCP(Transmission Control Protocol，传输控制协议)、UDP(User Datagram Protocol，用户数据报文协议)和 SCTP(Stream Control Transmission Protocol，流控制传输协议)。TCP 为应用层提供可靠的、面向连接的和基于流的服务。UDP 为应用层提供不可靠的、无连接的和基于数据报的服务。SCTP 是为了在因特网上传输电话信号而设计的。

应用层负责应用程序的逻辑。上面三层协议系统负责处理网络通信细节，在内核中实现。应用层则在用户空间中实现。应用层协议如 telnet 协议是一种远程登录协议；OSPF(Open Shortest Path First，开放最短路径优先)协议提供一种动态路由更新协议，用于路由器之间的通信，以告知对方各自的路由信息；DNS(Domain Name Service，域名服务)协议提供机器域名到 IP 地址的转换。应用层协议可能跳过传输层直接使用网络层提供的服务，如 ping 和 OSPF 协议，通常既可以使用 TCP 服务，又可以使用 UDP 服务，如

DNS 协议。

应用程序数据在发送到物理网络之前，将沿着协议栈从上往下依次传递。每层协议都将在上层数据的基础上加上自己的头部信息（有时包括尾部信息），以实现该层的功能，这个过程就是封装。上层协议通过封装使用下层提供的服务。

当帧达到目的主机时，将沿着协议栈向上依次传递。各层协议依次处理帧中本层负责的头部数据，以获取所需信息，并将最终处理后的帧交给目标应用程序，这个过程叫作分用。分用是依靠头部信息中的类型字段实现的。

TCP/IP 模型通过 IP 层屏蔽掉多种底层网络的差异（IP over everything），向传输层提供统一的 IP 数据包服务，进而向应用层提供多种服务（everything over IP），因而具有很好的灵活性和健壮性。

网络层协议主要有 IPv4 和 IPv6。IPv4 的地址空间为 32 位，理论上支持 40 亿台终端设备的互联，随着互联网的迅速发展，IP 地址空间正趋于枯竭。1996 年美国克林顿政府出台了“下一代 Internet”（Next Generation Internet，NGI）研究计划，我国于 1998 年开始了 NGI 的研究。下一代互联网络协议 IPv6 的特点如下。

1. 地址空间巨大

IPv6 的地址空间由 IPv4 的 32 位扩大到 128 位，2 的 128 次方形成了一个巨大的地址空间，可以给世界上每一粒沙子分配一个 IP 地址。如果采用 IPv6 地址，未来的移动电话、冰箱等信息家电都可以拥有自己的 IP 地址。

2. 地址层次丰富且分配合理

IPv6 用 128 位地址中的高 64 位标识网络前缀，低 64 位标识主机，为支持更多的地址层次，网络前缀又分成多个层次的网络，其中包括 13 bit 的顶级聚类标识（TLA-ID）、24 bit 的次级聚类标识（NLA-ID）和 16 bit 的网点级聚类标识（ SLA-ID）。IPv6 的管理机构将某一确定的 TLA 分配给某些骨干网 ISP，然后骨干网 ISP 再灵活地为各个中小 ISP 分配 NLA，而用户从中小 ISP 中获得 IP 地址。IPv6 的报头格式如图 3-3 所示。

<table>
<tr><td>0</td><td>4</td><td>12</td><td>16</td><td>24 31</td></tr>
<tr><td>版本</td><td>流量类别</td><td colspan="3">业务流标记</td></tr>
<tr><td colspan="3">有效负载长度</td><td>下一个报头</td><td>跳数限制</td></tr>
<tr><td colspan="5">源地址(128 位)</td></tr>
<tr><td colspan="5">目的地址(128 位)</td></tr>
</table>

图 3-3 IPv6 报头格式

3. 实现 IP 层网络安全

IPv6 要求实施因特网安全协议(Internet Protocol Security,IPSec),并已将其标准化。IPSec 在 IP 层可实现数据源验证、数据完整性验证、数据加密、抗重播保护等功能;支持验证头(Authentication Header,AH)协议、封装安全性载荷(Encapsulating Security Payload,ESP)协议和密钥交换(Internet Key Exchange,IKE)协议,这 3 种协议是 Internet 的安全标准。

4. 无状态自动配置

IPv6 通过邻居发现机制为主机自动配置接口地址和默认路由器信息,使得从互联网到最终用户之间的连接不经过用户干预就能够快速地建立起来。IPv6 在服务质量保证、移动 IP 等方面也有明显改进。

3.3.2 电信网与 NGN

传统的以电路交换为核心技术的 PSNT 为用户提供端到端的话音服务。数据网络利用数据承载话音、视频等业务。NGN(下一代网络)是下一代的融合网络。

2004 年 2 月,ITU-T SG13 会议给出了 NGN 的定义:NGN 是一个分组网络,它提供包括电信业务在内的多种业务,能够利用多种带宽和具有 QoS 能力的传送技术,实现业务功能与底层传送技术的分离;它允许用户对不同业务提供商网络的自由接入,并支持通用移动性,实现用户对业务使用的一致性和统一性。固定网络与移动网络向 NGN 的融合演进如图 3-4 所示。

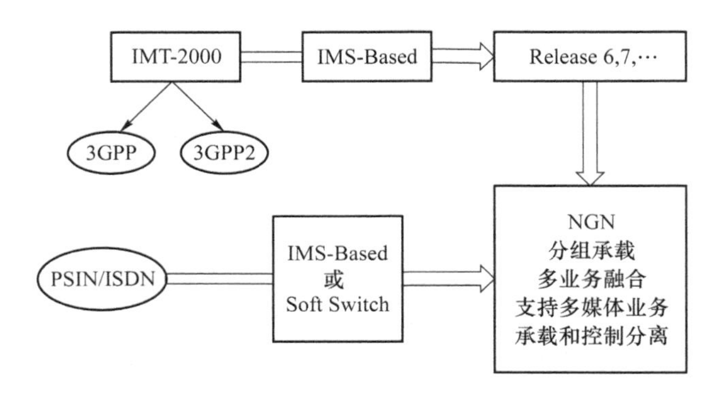

图 3-4　固定网络与移动网络向 NGN 的融合演进

① NGN 的基本特征：分组传送；控制功能从承载、呼叫/会话、应用/业务中分离；业务提供与网络分离，提供开放接口；利用各基本的业务组成模块，提供广泛的业务和应用；具有端到端的 QoS 和透明的传输能力；通过开放接口与传统网络互通；具有通用移动性；允许用户自由地接入不同业务提供商；支持多样标识体系，并能将其解析为 IP 地址，以用于 IP 网络路由；同一业务具有统一的业务特性；融合固定与移动业务；业务功能独立于底层传送技术；适应所有管理要求。

② NGN 的能力：具有开发、部署和管理各种业务的能力；业务和网络的分离使得网络和业务可以独立地发展演进；各功能实体分布在现有或新网络之中，具有与现有网络互通的能力；支持现有的和 NGN 新增的多种终端；对现有语音业务向 NGN 的过渡提供关键技术的支持；支持通用移动性，具有用户接入的无关性和业务使用的一致性特点。

③ NGN 的目标：NGN 的目标是满足新的通信需求，以促进公平竞争，鼓励个人投资，定义满足各种管理要求的通信体系结构，以及提供开放的网络接入方式。

NGN 的网络特点主要有：开放式的体系架构与标准的接口；业务与呼叫分离；呼叫与媒体分离；网络可分为业务层、控制层、网络层和接入层；完成业务的控制和管理；网络层采用 IP 协议实现业务的融合；接入层采用多样化的宽带无缝接入。

3.4 应用层

应用层是整个物联网运行的驱动力，提供应用服务是物联网建设的目的。前面两层将物品的信息大范围地收集起来，汇总在应用层进行统一分析、决策，用于支撑跨行业、跨应用、跨系统之间的信息协同、共享、互通，提高信息的综合利用度。应用层实现物联网的信息处理和应用，面向各类应用，实现信息的存储、数据的挖掘、应用的决策等，涉及海量信息的智能处理、分布式计算、中间件、信息发现等多种技术。

3.4.1 业务模式和流程

1. 业务模式

物联网的相关业务可以分为以下3种模式。

(1) 业务定制模式

在业务定制模式下，用户需要自己查询、确定业务的类型和内容。业务定制模式主要包含业务定制和业务退订两个过程。

用户可以通过主动查询和信息推送两种方式，获知物联网系统提供的业务类型以及业务内容。

业务定制模式的典型例子包括个人用户向物联网应用系统定制气象服务信息、交通拥堵服务信息等。企业用户向物联网应用系统定制的服务包括智能电网、工业控制等。

(2) 公共服务模式

在公共服务模式下，通常由政府或非营利组织建立公共服务的业务平台，在业务平台之上定义业务类型、业务规则、业务内容、业务受众等。

公共服务模式的典型案例有公共安全系统、环境监测系统等，这些系统时时刻刻为居民提供服务。

(3) 灾害应急模式

突发自然灾害和社会公共安全为灾害应急模式下的物联网系统的设计提出了要求。

在通信业务上，物联网系统提供宽带和多媒体通信服务，将语音、数据和视频等融合于一体，为指挥中心提供反映现场真实情况的宽带音视频，支持应急响应指挥中心和现场多个车载指挥系统之间的高速数据、语音和视频通信，支持对移动目标的实时定位。

在信息感知层面，物联网系统实现对应急事件多元信息的采集和报送，并与应急联动综合数据库和模型库的各类信息相融合，形成完备的事件态势图。结合电子地图，基于信息融合和模糊动态预测技术，对突发性灾害发展趋势(如火势蔓延方向、蔓延速率、危险区域等)进行动态预测，进而为辅助决策提供科学依据，有效地协调指挥救援。

典型的灾害应急模式的物联网应用场景包括火灾、地震、泥石流等。

2. 业务描述语言

(1) XML

XML 是通用的表示结构化信息的标准文本格式，它没有复杂的语法和包罗万象的数据定义。XML 同 HTML 一样，都来自 SGML(标准通用标记语言)。SGML 是用标记来描述文档资料的通用语言。SGML 十分庞大，因此其促使了精简的 SGML 版本——XML——的出现。XML 与 SGML 一样，是一个用来定义其他语言的元语言。与 SGML 相比，XML 规范不到 SGML 规范的 1/10，简单易懂，是一种既无标签集也无语法的新一代标记语言。

XML 的优势如下。

① 可拓展性：企业用 XML 为电子商务和供应链集成等应用定义自己的标记语言，为特定行业定义该领域的特殊标记语言，作为该领域信息共享与数据交换的基础。

② 灵活性：XML 提供一种结构化的数据表示方式，使得用户界面分离于结构化数据。

③ 自描述性：XML 文档包含一个文档类型的声明，是自描述的。不仅人能读懂 XML 文档，计算机也能处理。表示数据的方式做到了独立于应用系统，并且数据能够重用。XML 文档被看作文档的数据库化和数据的文档化。

④ 简明性：XML 只有 SGML 约 20%的复杂性，具有 SGML 约

80%的功能。XML 比完整的 SGML 简单得多，易学、易用并且易实现。

⑤ 开放性：XML 支持几乎世界上所有的语言，不同语言的文本可以在同一文档中混合使用，独立于机器平台、供应商以及编程语言。

XML 被引入许多网络协议，以便于为软件交互提供相互通信的标准。简单对象访问协议(SOAP)和 XML-RPC 规范为软件交互提供了独立于平台的方式。XML 为分布式计算环境打开了大门。

(2) UML

统一建模语言(UML)是用来对软件密集系统进行描述、构造、可视化和文档编制的一种语言。

UML 融合了 Booch、OMT 和 OOSE 方法中的概念，是可以被很多方法的使用者广泛采用的简单、一致、通用的建模语言。

UML 拓展了现有方法的应用范围，UML 的开发者们把并行式系统的建模作为 UML 的设计目标。

UML 是标准的建模语言，不同的组织在不同的应用领域，根据不同的开发过程，可以建立自身的 UML 模型。

UML 的重要内容可以由下列几类图来定义。

第一类是用例图。从用户角度描述系统功能并指出各功能的操作者。

第二类是静态图，包括类图、对象图和包图。类图描述系统中类的静态结构，定义系统中的类，表示类之间的联系(如关联、依赖、聚合等)，以及类的内部结构(类的属性和操作)。

第三类是行为图，描述系统的动态模型和组成对象间的交互关系，包括顺序图和合作图。顺序图显示对象之间的动态合作关系，强调对象之间消息发送的顺序；合作图描述对象间的协作关系，显示对象间的动态合作关系。

第四类是交互图，描述对象间的交互关系。其中顺序图显示对象之间的动态合作关系，它强调对象之间消息发送的顺序，同时显示对象之间的交互；合作图描述对象间的协作关系，跟顺序图相似，显示对象间的动态合作关系。除显示信息交换外，合作图还显示对象以及它们之间的关系。如果强调时间和顺序则使用顺序图；如果强调上下级关系则选择合作图。这两种图合称为交互图。

第五类是实现图。其中的构建图描述代码部件的物理结构及各部件之间的依赖关系。

3. 业务流程

业务流程与系统相似,有物理结构、功能组织以及试图实现既定目标的协作行为。业务流程的组件(参与者)是与业务流程相关的人和系统。参与者具有物理结构,能按照功能进行组织,并相互协作产生业务流程的预期结果。

流程执行完得到的结果必须是可度量和可计量的,通过度量才能判断流程是否成功完成预期目标。业务流程是交付特定结果的行动方案。

面向服务架构(Service Oriented Architecture,SOA)是一种将信息系统模块化为服务的架构风格。一条业务流程是一个有组织的任务集合,SOA 内在的思想就是用被称为服务的组件来执行各个任务。

SOA 中定义的服务层和扩展阶段的关系如下。

第一个阶段只有基本服务。每个基本服务都提供一个基本的业务功能,基本服务可以分为基本数据服务和基本逻辑服务两类。

第二个阶段在基本服务之上增加了组合服务。组合服务是由其他服务组合而成的服务。

第三个阶段在第二个阶段的基础上增加了流程服务。流程服务代表了长期的工作流程或业务流程。流程服务通常有一个状态,该状态在多个调用之间保持稳定。

业务流程设计的一个重要原则是基于 SOA 的思路进行业务流程的建模、设计。物联网业务流程的设计包含如下几步。

① 业务流程的建立:根据预计的输出结果,整理业务流程的具体要求,即定义各种具体的业务规则,划分业务中各参与者的角色,并为他们分配功能职责,设计和规划出详细的业务方案,并协调参与者之间的交互。

② 业务流程的优化:随着市场环境、用户群的变化,业务流程所提供的功能和服务也应随之调整优化,在优化的过程中去除无用、低效、冗余流程环节,增加必需的新环节,重新排列各个环节之间的顺序,形成优化之后的业务流程。

③ 业务流程的重组:相对业务流程的优化,业务流程的重组更

为彻底。对原有流程进行全面的功能和效率分析，发现存在的问题；设计新的业务流程改进方案，并进行评估；制定与新流程匹配的组织结构和业务规范，形成一个体系。

3.4.2 服务资源

物联网系统的服务资源包括标识、地址、存储资源、计算能力等。

1. 标识

在系统中需要对每个个体起一个唯一的名字（即标识）。标识为每个对象创建和分配唯一的号码或字符串。之后，这些标识就可以用来代表系统中的其相应的对象。

大多数在物理世界中的实体没有出现在抽象的逻辑环境中。要在逻辑环境中为物理实体分配角色，描述它们的行为，就要将物理实体和标识关联起来。

一个标识符代表唯一一个对象，标识符所包含的可以量化的值具有唯一性。一个对象在不同的系统中可能扮演不同的角色，这样的对象通常具有多种类型的标识符。标识符的唯一性是针对某一种特定的标识符类型而言的。

组成物联网的设备种类繁多，数量巨大。为保证任何设备在身份上的唯一性，需要设立一个标识管理中心。标识管理中心的两个基本职责如下。

① 分配唯一标识符。

② 关联标识符和它们应该标识的对象。

初级的唯一标识符分配是一项相对简单的任务。常指定GUID，这是一个管理中心在数据库中维护一个标识符列表，然后确保每个分配的新标识符不在数据库中引发冲突。只有一个标识管理中心有时是不现实的，放在实际中使用层次标识符。

全球唯一标识符（Universally Unique IDentifier，UUID）属于层次标识符。创建 UUID 的方法有很多，如 GUID 标准和 OID 标准。

2. 地址

地址包含了网络拓扑信息，用于标识一个设备在网络中的位置。对于网络中的一个设备，标识符用于唯一标识它的身份，不随设备接入位置的变化而发生改变；而设备的地址是由其在网络中的接入位置决定的。

标识符只保证被标识对象身份的唯一性，标识符的结构呈现扁平的特点，没有内部结构，无法进行聚合，导致其可扩展性不好。地址需要采集层次性的名字空间，体现一定的拓扑结构，层次性的名字空间需包含一定的结构特性，这有利于聚合。

在 OSI 参考模型中，第二层数据链路层使用 MAC 地址，第三层网络层使用 IP 地址。为了更好地保证设备的唯一性，IEEE 提出将 48 位的 MAC 地址扩展为 64 位的 EUI-64 地址。MAC 地址和 EUI-64 地址都属于标识的范畴。因为名字空间的扁平特性，这两种数据链路层的地址都无法用于大范围的网络寻址。

IP 地址是目前最广泛使用的网络地址。现在互联网中使用的 IP 地址既表示节点的位置信息，又表示节点的身份信息。IP 地址的功能是在互联网中进行分组路由，而非标识一个网络设备的身份。

根据 IP 协议版本的不同，IP 地址相对应地存在着两个版本，即 IPv4 地址和 IPv6 地址。

IPv4 地址的长度是 32 位，为方便人们使用 IPv4，地址以字节为单位划分成 4 段，用符号“.”区分不同段的数值，将段数值用十进制表示，例如“149.15.230.15”就是一个 IPv4 地址。最初为构建层次化的网络以及高效寻址，IPv4 地址被分为 5 类，A 类地址的首位是 0，B 类地址的前两位是 10，C 类地址的前三位是 110，D 类地址的前四位是 1110，E 类地址的前五位是 11110。

IPv6 是新一代 IP 协议，它是 IPv4 的进一步完善和补充。IPv6 地址的长度是 128 位，相对于 IPv4 地址，使用 IPv6 地址增加了分组的开销，巨大的地址空间将彻底解决 IPv4 地址不足的问题，IPv6 将满足未来许多年的需求。IPv4 潜在地可以寻址 40 亿个节点，而 IPv6 潜在地可以寻址 3.4×10^{38} 个节点。IPv6 提供了从传感器终端到最后的各类客户端的“端到端”的通信特点，为物联网的发展创造了良好的网络通信环境。

IPv6 地址被划分为以下 3 个类别。

① 单播地址：单播地址是点对点通信时使用的地址，此地址仅标识一个网络接口。网络负责将对单播地址发送的分组送到该网

络接口上。

② 组播地址:组播地址标识一组网络接口,该组网络接口包括属于不同系统的多个网络接口。当分组的目的地址是组播地址时,网络尽可能地将分组发送到该组的所有网络接口上。

③ 任播地址:任播地址也标识接口组。它与组播地址的区别在于发送分组的方法,向任播地址发送的分组并未被发送给组内的所有成员。只发给该地址标识的、最近的网络接口,是 IPv6 新增加的功能。

IP 地址从 32 位扩展到 128 位,不仅能够保证为数以亿万计的主机编址,而且也为在等级结构中插入更多的层次提供了余地。在 IPv4 中,只有网络、子网和主机 3 个基本层次,而 IPv6 地址的层次有很多。

表 3-1 给出了 IPv6 地址的初始分配情况。从表 3-1 中可以看出有大量地址空间尚未分配,这些可以留给未来的发展和新增加的功能,地址空间中的两个部分(000001 和 0000010)被保留给其他(非 IP)地址方案,网络服务访问点地址由 ISO 的协议使用,互联网分组交换地址由 Novell 网络层协议使用。

表 3-1 IPv6 地址的初始分配情况

二进制前缀	类 型	占地址空间的百分比(%)
0000 0000	保留	0.39
0000 0001	未分配	0.39
0000 001	ISO 网络地址	0.78
0000 010	IPX 网络地址	0.78
0000 011	未分配	0.78
0000 1	未分配	3.12
0001	未分配	6.25
001	可聚合的全局单播地址	12.5
010	未分配	12.5
011	未分配	12.5
100	基于地理位置的单播地址	12.5
101	未分配	12.5

续 表

二进制前缀	类　型	占地址空间的百分比(%)
110	未分配	12.5
1110	未分配	6.25
1111 0	未分配	3.12
1111 10	未分配	1.56
1111 110	未分配	0.78
1111 11100	未分配	0.2
1111 111010	链路本地使用地址	0.098
1111 1110 11	场点本地使用地址	0.098
1111 1111	组播地址	0.39

3. 存储资源

制造数据的方式千变万化，制造出来的数据量也在飞速增长，例如互联网上的多媒体业务、电子商务等产生的数据，生物、大气、高能物理等大型科学实验产生的数据，特别是物联网会带来新的数据增长点。

储存数据是进一步使用、加工数据的基础和前提，常用的存储介质包括磁盘和光盘。衡量存储介质性能的重要指标包括存储容量和访问速度。

(1) 磁盘

磁盘属于计算机的外部储存器，如硬盘。硬盘接口有以下几种。

① ATA 用 40 支针脚并口数据线连接主板与硬盘，具体分为 Ultra-ATA/100 和 Ultra-ATA/133 两种，表示硬盘接口的最大传输速率分别是 100 MB/s 和 133 MB/s。

② SATA 串口硬盘使用 4 支针脚就能完成所有的工作，分别用于连接电缆、连接地线、发送数据和接收数据，这样的结构降低了系统的能耗和系统的复杂性。SATA 定义的数据传输速率可达到 150 MB/s。

③ SATA2 是在 SATA 的基础上发展起来的，它采用原生命令队列技术，对硬盘的指令执行顺序进行优化，引导磁头以高效率进

行寻址，避免磁头反复移动带来的损耗，延长磁盘寿命。SATA2 的数据传输速率可达到 300 MB/s。

硬盘记录密度决定了可以达到的硬盘储存容量。为打破单个硬盘储存容量的限制，磁盘阵列的概念被提了出来。磁盘阵列是由很多价格较低、容量较小、稳定性较高、速度较慢的磁盘组合成的一个大型的磁盘组。可以利用个别磁盘提供的数据所产生的加成效果，提升整个磁盘系统在储存容量和访问速度两方面的效能。

(2) 光盘

光盘是不同于磁性载体的光学储存介质。根据光盘的结构，光盘主要分为 CD、DVD、蓝光光盘等。这几种光盘的主要结构原理一样，区别在于光盘的厚度和用料。光盘的记录密度受限于读出的光点大小，即光学的衍射极限，其与激光波长、物镜的数值孔径有关。缩短激光波长、增大物镜数值孔径可以缩小光点，提高记录密度。

读取和烧录 CD、DVD、蓝光光盘的激光是不同的。比如：读出 CD 时，激光波长为 780 nm，物镜数值孔径为 0.45；读出 DVD 时，激光波长为 650 nm，物镜数值孔径为 0.6；读出蓝光光盘时，激光波长为 405 nm，物镜数值孔径为 0.85。激光光束的不同导致了光盘容量的差别，CD 的容量有 700 MB 左右，DVD 可以达到 4.7 GB，蓝光光盘可以达到 25 GB。

4. 计算能力

计算是分析、处理数据的基本操作。除了保证计算结果的正确性外，计算速度也很重要。

提高计算机的计算能力的研究方向有：研制超级计算机及新型计算机。

(1) 超级计算机

超级计算机通常是指由数百、数千甚至更多的处理器组成的，能计算普通计算机不能完成的大型复杂课题的计算机。

(2) 新型计算机

新型计算机包括生物计算机、量子计算机和光子计算机。

生物计算机又称仿生计算机，是以生物芯片取代在半导体硅片上集成的数以万计的晶体管而制成的计算机。生物计算机本身还具有并行处理的能力,其运算速度要比当今最新一代的计算机快10万倍,使用蛋白质制成的计算机芯片。生物计算机的一个存储点只有一个分子大小,所以它的存储容量可以达到普通计算机的10亿倍。

量子计算机是利用原子所具有的量子特性进行信息处理的计算机。量子计算机以处于量子状态的原子作为中央处理器和内存,其运算速度极快并具有极好的保密特性。

光子计算机是由光信号进行数字运算、逻辑操作、信息存储和处理的计算机。光子计算机的基本组成部分是集成光路,由于光子的有效传输速度比电子的速度快,所以光子计算机的运行速度可高达每秒一万亿次。

3.4.3 服务质量

物联网的服务质量可以分别从通信、数据和用户体验3个方面来细分。

1. 以通信为中心的服务质量

(1) 时延

时延是指一个报文或分组从一个网络的一端传输到另一端所需要的时间。它包括了发送时延、传播时延、处理时延、排队时延。时延是衡量通信服务质量的一个重要指标。

(2) 公平性

由于通信网络能够为网络节点提供的带宽资源的总量是有限的,故公平性是衡量网络通信质量的重要指标。根据公平性的程度:保证网络内的每个节点都能够绝对公平地获得信道带宽资源,每一个节点都能够有均等的机会获得信道带宽资源,每一个节点都有机会获得信道带宽资源。

根据OSI网络七层参考模型,数据链路层的MAC子层负责提供网络节点对信道访问的功能。其中竞争型MAC协议的公平性是一个很重要的研究内容。MAC协议主要解决网络节点领域范围内的信道访问方面的问题。路由协议则保证数据分组在网络范围内正确地选择合适有效的通信路径,准确无误地从源节点出发到达目的节点。通常路由选择源节点和目的节点之间的最短路径,一般情况下这是最好的选择。但是,如果最短路径上的链路状况不稳定,或者数据流量过载,最短路径很可能是一个差的选择。基于多径路由的策略,通过协调、均衡不同路径上的网络负载,既避免了网络性能的恶化,同时也实现了路由层的公平性。

(3) 优先级

网络通信中的优先级主要是指对网络承载的各种业务进行分类,并按照分类指定不同业务的优先级。在正常情况下,网络保证优先级高的业务比优先级低的业务有更低的等待时延、更高的吞吐量。网络资源紧张时网络甚至会限制为优先级低的业务提供服务,尽力满足优先级高的业务的需求。

优先级包括不同业务之间的优先级和不同用户之间的优先级。

(4) 可靠性

通信的一个基本目的就是保证信息被完整地、正确地从源节点传输到目的节点。保证信息传输的可靠性也是通信的一个重要原则。

2. 以数据为中心的服务质量

(1) 真实性

数据的真实性用于衡量用户得到的数据和实际数据之间的差异,包括接收方和发送方持有数据中的数值间的偏差程度;接收方和发送方持有数据所包含的内容在语义上或上下文环境中的吻合程度;接收方和发送方持有数据所指代范围的重合程度。

(2) 安全性

数据安全的要求是通过采用各种技术和管理措施,使通信网络和数据库系统正常运行,从而确保数据的可用性、完整性和保密性,保证数据不因偶然或恶意的原因遭受破坏、更改和泄露。

(3) 完整性

数据的完整性是指数据的精确性和可靠性。它是因防止数据库中存在不符合语义规定的数据和防止错误信息的输入输出造成无效操作或错误信息而提出的,以确保数据库中包含的数据尽可能地准确和一致。数据的完整性有 4 种类型:实体完整性、域完整性、引用完整性和用户定义完整性。

（4）冗余性

数据冗余是指数据库的数据中有重复的信息存在，如果数据冗余程度过高，肯定会对资源造成浪费。因此要避免出现过度的数据冗余，如果数据重复情况严重，自然会浪费很多的存储空间。降低数据的冗余程度不仅可以节约存储空间，也可以提高数据的传输效率。引入适当的数据冗余可以避免数据丢失和毁坏。

（5）实时性

不同应用对数据实时性的要求不同。工业生产控制、应急处理、灾害预警对实时性的要求较高。

3. 以用户为中心的服务质量

无论是网络通信还是各种数据，其最终目的都是为不同的用户提供有效的服务。

（1）智能化

如搜索引擎为不同的搜索意图提供准确的对应信息。用户搜索意图主要包括：使搜索引擎提供更好的交互功能，显式或隐式地获取用户意图；对用户意图尽可能准确地进行分类。

（2）吸引力

在人机交互过程中通过人的感官建立服务的吸引力。人的感官包括触觉器官、视觉器官、听觉器官、嗅觉器官和味觉器官。服务可以通过各种感官向用户传达信息，让服务本身产生吸引力。

（3）友好度

在提供服务的过程中，尽量让用户感受到服务过程的友好、界面的友好。

服务的设计应当符合人体工学原理，在本质上就是使工具使用方式尽量适合人体的自然形态。这样就可以使正在使用工具的人在工作的时候身体和精神不需要任何主动适应，从而减少使用工具造成的疲劳。容易使用是友好度的另外一个重要体现。在服务过程中，用户与软件或者网页等人机界面应该友好，并且这些界面应易于用户理解。避免一切让用户感觉复杂的设计，友好度是制约用户接受服务的重要因素。

第4章 物联网中的传感技术

传感是信息系统的“感官”，信息系统通过传感感知世界，没有传感信息系统就无法直接获取物理世界的各种数据、状态，物理世界就变成了没有颜色、没有味道、没有温度、没有声音的寂寞世界，传感是信息系统的基础。传感技术是一门多学科交叉的技术，传感技术是指从自然界获取信息，并进行处理和识别。传感技术涉及传感器、信息处理和识别技术。传感技术被应用到各行各业中，可以检测温度、湿度、光强、压力、电磁场强等各种参数。没有传感技术，信息系统就无从获取自然界信息，无法实现物联网应用。

4.1 传感器的概念

传感器是数据采集的一个关键元件。它将声、光、电磁场强、热和力等各种信息转换为电信号，从而便于对这些信息进行分析和处理。

传感器(sensor)是一种检测装置，能感受到声、光、电磁场强、热和力等各种信息，并能将感受到的信息，按一定规律转换为电信号并将其输出。国家标准的定义是：传感器是能够感受规定的被测量件并按照一定的规律(如数学函数法则)转换成可用信号的器件或装置，通常由敏感元件和转换元件组成。

传感器的特点是微型化、数字化、智能化、网络化，物联网中的传感器要求性价比高、稳定性好、尺寸小、功耗低、接口网络化、智能化。

传感器的性能指标从静态特性和动态特性来分析。衡量传感器静态特性的主要指标有线性度、迟滞、重复性、灵敏度、分辨度、稳定性、多种抗干扰等。

线性度:传感器的线性度就是输入与输出之间关系曲线偏离直线的程度。在采用直线拟合线性化时,输入与输出的校正曲线与其拟合直线之间的最大偏差,称为非线性误差。

迟滞:传感器在正(输入量增大)反(输入量减小)行程中输出与输入曲线不重合称为迟滞。

重复性:是指传感器在输入按同一方向作全量程连续多次变动时所得特性曲线不一致的程度。

灵敏度:指的是传感器输出的变化量与引起此变化的输入量的变化量之比。

分辨度:是指传感器能检测到的最小的输入增量。

稳定性:表示传感器在一个较长的时间内保持其性能参数的能力。随着时间的推移,大多数传感器的特性会发生改变,从而影响了传感器的稳定性。

传感器的动态特性是指其输出对随时间变化的输入量的响应特性。输出信号与输入信号时间函数的差异就是动态误差。

4.2 传感器的分类

1. 传感器按照工作原理分类

传感器按工作原理分类可分为振动传感器、湿敏传感器、磁敏传感器、气敏传感器、真空度传感器、生物传感器等。

2. 传感器按照用途分类

传感器按用途分类可分为压力敏和力敏传感器、位置传感器、液位传感器、能耗传感器、速度传感器、加速度传感器、射线辐射传感器、热敏传感器等。

3. 传感器按照其输出信号分类

传感器按输出信号分类通常可分为模拟传感器、数字传感器、膺数字传感器、开关传感器等。

① 模拟传感器：将被测量的非电学量转换成模拟电信号。

② 数字传感器：将被测量的非电学量转换成数字输出信号(包括直接和间接转换)。

③ 开关传感器：当一个被测量的信号达到某个特定的阈值时，传感器相应地输出一个设定的低电平或高电平信号。

4. 传感器按照材料分类

传感器按材料分类通常可分为半导体材料传感器、陶瓷材料传感器、金属材料传感器和有机材料传感器四大类。

5. 传感器按照制造工艺分类

集成传感器是用标准的生产硅基半导体集成电路工艺技术制造的，通常还将用于初步处理被测信号的部分电路也集成在同一芯片上。

薄膜传感器则是通过沉积在介质衬底(基板)上的相应敏感材料的薄膜形成的，使用混合工艺时，同样可将部分电路制造在此基板上。

厚膜传感器是利用相应材料的浆料，涂覆在陶瓷基片上制成的，基片通常是由 Al_2O_3 制成的，然后进行热处理，使厚膜成形。

陶瓷传感器是采用标准的陶瓷工艺或其某种变种工艺(溶胶、凝胶等)进行生产的。

完成适当的预备性操作之后，已成形的元件在高温中进行烧结。厚膜传感器和陶瓷传感器这两种工艺之间有许多的共同特性，在某些方面，可以认为厚膜工艺是陶瓷工艺的一种变形。

每种工艺技术都有自己的优点和不足。在研究、开发和生产的资本投入较低，以及需要传感器参数具有高稳定性时，采用陶瓷传感器和厚膜传感器比较合理。

6. 传感器按照测量目的分类

传感器按测量目的的不同通常可分为物理型传感器、化学型传感器和生物型传感器。

物理型传感器是利用被测量物质的某些物理性质发生明显变化的特性制成的。

化学型传感器是利用能把化学物质的成分、浓度等化学量转换成电学量的敏感元件制成的。

生物型传感器是利用各种生物或生物物质的特性做成的,是用以检测与识别生物体内化学成分的传感器。

4.3 传感器的基本应用

随着科学技术的发展,传感器的应用已渗透到人们工作、生活的方方面面,传感技术对社会的发展起着巨大的作用。

1. 温度传感器

温度传感器的应用场景有预防森林火灾、监测环境温度等。

2. 湿度传感器

湿度传感器常用的有湿敏电阻和湿敏电容两种,湿度传感器的应用场景有智慧农业、智能交通、测水位等。

3. 压力传感器

压力传感器主要有压电压力传感器、压阻压力传感器、电容式压力传感器、电磁压力传感器、振弦式压力传感器等。其应用场景有桥梁、铁路、建筑、市政设施等。

4. 气压传感器

气压传感器分为外部气压传感器和内部气压传感器。外部气压传感器检测生活场景中的大气压力。内部气压传感器可以通过检测封闭系统内部的气压变化,来确定设备的外壳密封情况。其应用场景有户外运动高度测量、三防设备检测内部封闭程度等。

5. 重力感应器

重力感应器利用压电效应来检测加速度的大小与方向。其应用场景有游戏与 3D 应用程序、拍照应用、惯性导航,其还是在手机中实现用户横屏与竖屏切换的依据等。

6. 角速度传感器

角速度传感器测量偏转、倾斜时的转动角速度等物理量。其应用场景有游戏与 3D 应用程序、拍照应用、惯性导航。

7. 位置传感器

位置传感器为北斗导航、GPS 导航提供位置服务,其应用场景有地图定位、导航等。

8. 磁力感应器

地球磁力感应器(即罗盘)是常见的磁力感应器,可以确定东、西、南、北,是定位辅助设备。其应用场景有指南针、锁屏等。

传感器是一个多学科交叉的技术,未来传感器的发展方向有:功能更加全面,微型化,智能化,寿命更长,工作更稳定,与计算机技术紧密结合,自动采集数据和处理数据。

第5章 物联网关键技术

物联网关键技术有无线传输技术、传感器网络技术、应用服务技术、云计算技术、安全管理技术等。

5.1 无线传输技术

从传输的距离来看,物联网无线通信技术可以分为短距离无线通信技术以及广域网无线通信技术两类。RFID、NFC、ZigBee、Bluetooth、Wi-Fi 等都是短距离无线通信技术。广域网无线通信技术一般为 LPWAN(低功耗广域网),典型技术有 LoRa、NB-IoT、2G/3G/4G 移动通信技术等。

5.1.1 射频识别技术

RFID 是非接触式的自动识别技术,它利用电磁波信号实现无接触识别并读写数据,识别无须人工干预,不怕污损,穿透性好,可工作于恶劣环境中,可远距离读取,数据存储容量大,支持数据改写,标签可重复使用,能够识别高速运动物体,可以同时识别多个射频标签。RFID 可以应用在各个行业领域中,例如:在物流行业的物流追踪中,RFID 可以实现信息自动采集;在医疗行业中,RFID 可以实现医疗器械管理、病人身份识别、婴儿防盗等;在零售业中,无人超市可采用 RFID 技术来实现。

RFID 系统由电子标签、阅读器(或读写器)、天线三部分构成,RFID 系统的构成及其基本工作过程如图 5-1 所示。

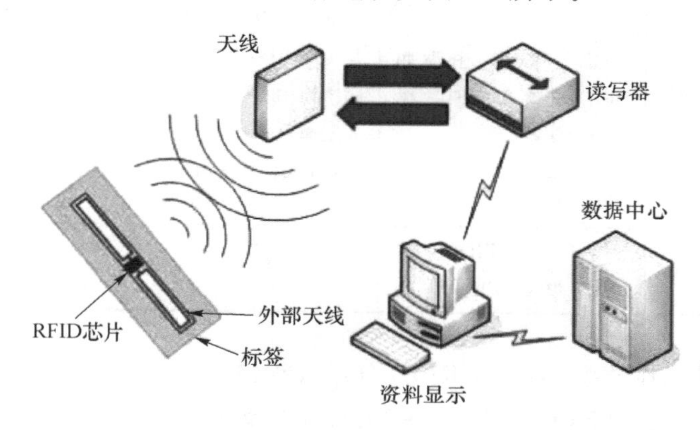

图 5-1 RFID 系统的构成及其基本工作过程

标签:由耦合元件、芯片及微型天线组成,每个标签都有唯一的电子编码,附着在物体上,用来标识目标对象。

阅读器:读取标签信息的设备。

天线:在标签和读取器间传递射频信号。

RFID 系统的基本工作流程:阅读器通过发射天线发送一定频率的电磁波信号,当射频标签进入发射天线工作区域时,射频标签收到阅读器发来的电磁波信号,并将自身编码等信息通过标签天线发送出去;阅读器接收天线接收从射频标签发送来的载波信号,经天线调节器传送到阅读器信号处理模块,阅读器对接收的信号进行解调和解码后,送到后台系统进行分析处理。

RFID 几种常见分类如表 5-1 所示。

表 5-1 RFID 几种常见分类

分类标准	具体类别	特 点
工作模式	主动式 RFID(有源标签:标签自带电源)、被动式 RFID(无源标签:标签不带电源)	有源标签发射功率低、通信距离长、传输数量大、可靠性高、兼容性好 无源标签体积小、重量轻、成本低、寿命长,通常要求与读写器之间的距离较近,并且读写功率大

续 表

分类标准	具体类别	特　点
工作频率	低频 RFID、中高频 RFID、超高频 RFID、微波 RFID 等	低频 RFID 标签典型的工作频率为 125 kHz 与 133 kHz；中高频 RFID 标签典型的工作频率为 13.56 MHz；超高频 RFID 标签典型的工作频率为 860～960 MHz；微波 RFID 标签典型的工作频率为 2.45 GHz 与 5.8 GHz
封装形式	粘贴式 RFID、卡式 RFID、扣式 RFID 等	灵活应用

从工作频率上来看，RFID 分成低频(30～300 kHz)、高频(3～30 MHz)、超高频(300 MHz～3 GHz)以及微波频段(2.45 GHz 和 5.8 GHz)。低频常见的工作频率有 125 kHz、134.2 kHz，除了金属材料外，一般低频的电磁波能够穿过任意材料的物品，低频绕射能力好，能绕过一定形状的导电体，低频率段的数据传输速度比较慢，故低频适用于近距离、低速率、数据量要求较低的识别应用。

高频常见的工作频率为 13.56 MHz，加上防冲撞功能，高频可以同时读取多个标签，数据传输率比低频快，除了金属材料外，该频率的波长可以穿过大多数材料。高频常见的应用有电子身份证、公交卡等。

超高频常见的工作频率为 915 MHz；微波频段的系统工作在 2.45 GHz 和 5.8 GHz。超高频和微波频段的电磁波具有相似的特性，近似直线传播，绕射能力差，遇到高导电率的介质穿透能力差，数据传输速率高，可以在短时间内读取大量的电子标签，常应用于需要较长的距离读写和快速读写的场合等。

RFID 系统中阅读器与电子标签之间是通过电磁波信号来传递信息的，它们将基带信息信号加载到电磁波的频率、幅度或相位上。

1. RFID 的编码方法

RFID 常用的编码有反向不归零(NRZ)编码、曼彻斯特(Manchester)编码、单极性归零(URZ)编码、差动双相(DBP)编码、米勒(Miller)编码、变形的米勒编码和差动编码等。

① 反向不归零编码是一种较常用的、简单的数字基带编码，用

二进制 1 表示高电平，用二进制 0 表示低电平。波形在码元间无间隔空隙，全部码元时间都传送码字，故称反向不归零编码，如图 5-2 所示。这种码在零频率分量附近有直流，接收端的判决门限和信号功率有关，并且不包含同步成分，不能直接提取门同步信号，所以只适合较近距离的传输。

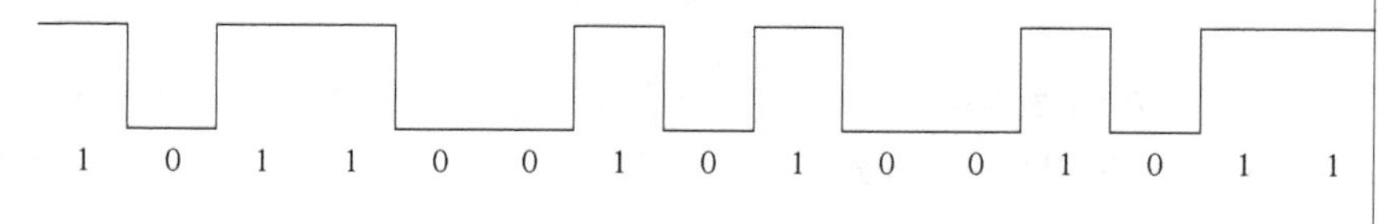

图 5-2　反向不归零编码

② 曼彻斯特编码是分相编码，用电压跳变相位来区分 0 和 1，其中由高电压到低电压表示 1，由低电压到高电压表示 0，如图 5-3 所示。这种编码由于跳变都在码元的中间，接收端可用此来作为同步时钟，所以曼彻斯特编码也叫作自同步编码。当使用反向散射调制或副载波的负载调制时，电子标签到阅读器的数据传输常用这种编码方式，可用来发现数据传输错误。

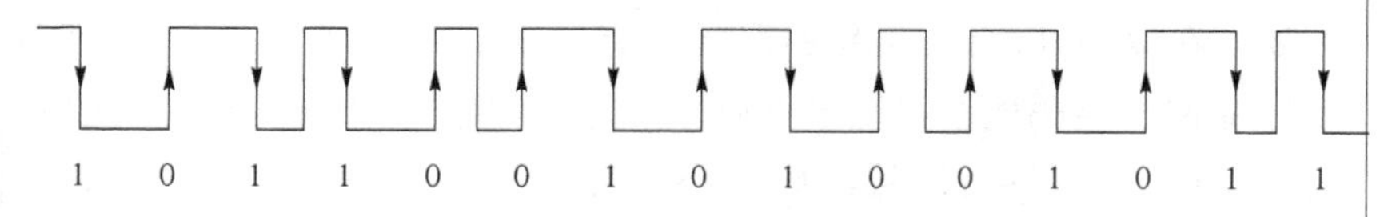

图 5-3　曼彻斯特编码

③ 单极性归零编码在第一个半比特周期里，高电平表示 1，发出正电流，形成一个窄脉冲；整个比特都持续低电平表示 0，完全不发送电流，如图 5-4 所示。

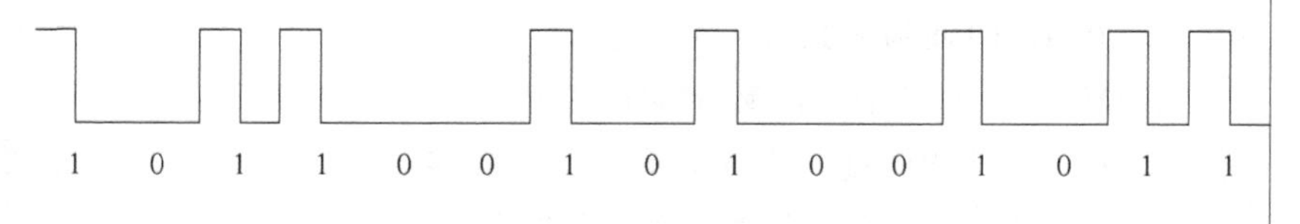

图 5-4　单极性归零编码

④ 差动双相编码在半个位周期中的任意边沿（跳变）都表示二进制 0，没有边沿则表示二进制 1，如图 5-5 所示。同时，在每个位周期起始处，电平都要反相，因此，这种编码容易重建位节拍，方便实

现位同步。

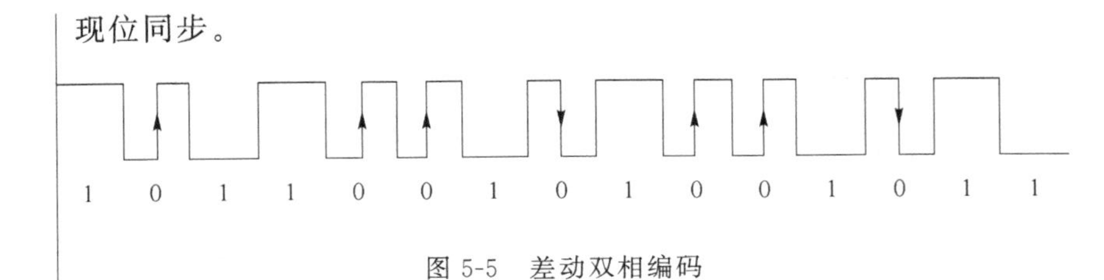

图 5-5 差动双相编码

⑤ 在差动编码中，二进制 1 表示信号电平发生变化，二进制 0 表示信号电平保持不变，如图 5-6 所示。

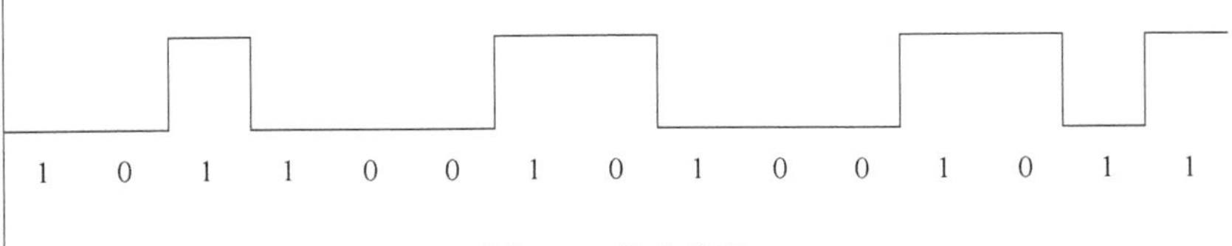

图 5-6 差动编码

上面介绍的编码方式各有特点，在 RFID 系统中，选择编码方式要考虑标签的能量来源、时钟同步、检错能力等因素。对无源电子标签，与阅读器通信时必须持续从阅读器获得能量，不能中断，这就要求在编码时，两个相邻的码元间有跳变特点，以此保证连续出现 0 码时标签仍能获得能量供应。同时，标签要从接收的码中提取时钟同步信息，曼彻斯特编码、差动双向编码等较符合上述情况。从电子标签的检错能力来考虑，在电子标签较多的环境中，阅读器需要对接收的信息有检错能力，才能发现是否有冲突，是否正确识别。有较强检错能力的编码有曼彻斯特编码、单极性归零编码和差动双相编码。从标签同步时钟的提取角度考虑，可选择曼彻斯特编码、米勒编码和差动双向编码。

2. RFID 的调制方式

RFID 系统中的信号经数字编码之后要对载波进行调制，使信号与信道的特性相匹配。RFID 系统采用数字调制，利用数字信号离散取值的特点，通过开关键控载波实现数字调制。对二进制信息的键控方式包括对载波的频率、振幅或相位进行键控，即 FSK、ASK、PSK。对多进制数字信息还有多进制的相移键控，如正交相移键控（QPSK）。随着调制性能的提高，也可将频率、振幅或相位联合进行调制，如正交振幅调制（QAM）、正交频分复用（OFDM）及最小频移键控(MSK)等。电感耦合 RFID 系统中通常采用 ASK 调制,如 ISO/IEC14443 及 ISO/IEC15693 标准中都使用 ASK 调制。在一些低频的电感耦合中也有采用副载波调制的。

RFID 系统中的信号碰撞问题影响数据的完整性,碰撞问题可分为阅读器的碰撞和标签的碰撞。阅读器的碰撞是由于多个阅读器的无线电波作用范围有交叉发生的碰撞。在有些应用中需要近距离布置多个阅读器,一个电子标签可能同时接收来自多个阅读器的命令,导致阅读器间相互干扰。标签的碰撞则是在同一时间或较短的时间间隔内,系统中有多个目标同时请求识别,而阅读器不能自动排序、清楚区分所造成的信号碰撞。两种情况都会造成系统识别失效。

阅读器碰撞问题有两种:一种是多个阅读器执行相同的频段引起的频率干扰;另一种是多个相邻阅读器对一个标签发送通信命令引起的标签干扰。阅读器碰撞的解决可通过对相邻阅读器分配不同时隙或频率,对物理上可以分离的资源分配时隙或频率。在 ETSI 标准中,阅读器和标签通信前,会隔 100 ms 探测一次信道状态,采用载波侦听(Carrier Sense Multiple Access, CSMA)来解决阅读器的冲突,而不采用通常的多路方式。标签的碰撞通常还是采用多路存取的方法,常见的有时分多址(Time Division Multiple Access,TDMA)、频分多址(Frequency Division Multiple Access, FDMA)、码分多址(Code Division Multiple Access,CDMA)和空分多址(Square Division Multiple Access,SDMA)。基于 TDMA 的多路存取防碰撞算法有基于 ALOHA 机制的随机性解决方案和基于二进制搜索的确实性解决方案。防碰撞方案的合理选择可以大大地提高 RFID 系统中数据传输的完整性。

对于标签冲突,在 13.553~13.567 MHz 频段,标签的防冲突算法一般采用 ALOHA 协议。使用 ALOHA 协议的标签,通过选择一个随机的时刻向阅读器传送信息的方法来避免冲突。而在 40~1 000 MHz 的超高频频段,主要采用二进制搜索算法避免冲突。

RFID 的应用领域非常广泛,包括交通运输、市场流通、物流领域、信息、食品、医疗卫生、商品防伪、金融、养老、残疾事业、教育文化、劳动就业、智能家电、犯罪监视等安全管理、国防军事警备、图书档案管理、生态活动支援、消防及防灾、生活与个人利用等。

在供应链管理领域中，RFID可运用在物流跟踪、货架识别等要求非接触式数据采集和要求频繁改变数据内容的场合，供应链管理将所有合作者（如供应商、配送商、运输商、第三方物流公司和信息提供商）整合到供应链中。贴在物品上的RFID标签可以提供物流管理中产品流和信息流的双向通信。系统可以成箱成包地、准确地、随时地获得产品的相关信息。智能电子标签系统可以实现对商品在原料、半成品、成品、运输、仓储、配送、上架、最终销售，甚至退货处理等所有环节进行实时监控，极大地提高了自动化程度，大幅地降低了差错率，显著地提高了效率。

将普通车牌与基于RFID技术的电子车牌相结合也是RFID的一个典型应用。电子车牌中存储了经过加密处理的车辆数据，其数据只能由经过授权的无线识别器读取。同时在各交通干道架设监测基站（含有射频读卡器），监测基站通过数据网与中心服务器相连，射频读卡器读取电子车牌中加密的车辆信息，经监测基站解密后，得到电子车牌的车牌号码。

5.1.2 NFC技术

飞利浦、诺基亚、索尼等联合推出了一项新的无线通信技术——近场通信（Near Field Communication，NFC）。NFC的短距离交互大大地简化了整个认证识别过程，使电子设备间的互相访问更直接、更安全、更高效。具有NFC功能的手机可以实现小额电子支付和读取其他NFC设备或标签的信息。用户用具有NFC功能的手机接触带有NFC标签的海报或信息栏，可以自动链接到互联网界面，NFC手机还可以作为银行卡或门禁卡使用。

NFC是短距离的高频无线通信技术，允许电子设备之间通过非接触式点对点数据传输（在10 cm内）交换数据。NFC是在RFID和互联网技术的基础上演变而来的，向下兼容RFID，主要为手机等手持设备提供M2M（Machine to Machine）的通信。NFC提供了一种简单、触控式的解决方案，可以让消费者简单直观地交换信息、访问内容与服务，在手机支付等领域具有很大的应用前景。

NFC通过设备之间的非接触式点对点数据传输交换数据。将

2个NFC设备靠近，NFC就能进行无线配置并初始化无线协议，不需要复杂的设置，可低功耗地迅速实现近距离通信或者数据传输。NFC数据的传输速度有106 kbit/s、212 kbit/s、424 kbit/s 3种。NFC标准有ISO/IEC IS 18092国际标准、ECMA-340标准与ETSI TS 102 190标准。

支持NFC的设备可以在主动或被动通信模式下交换数据。移动设备主要以被动通信模式操作，可以大幅降低功耗。在一个应用会话过程中，NFC设备可以在发起设备和目标设备之间切换自己的角色。利用这项功能，电池电量较低的设备可以要求以被动通信模式充当目标设备。

1. 主动通信模式

在主动通信模式下，当一台设备要向另一台设备发送数据时，必须产生自己的射频场。如图5-7所示，发起设备和目标设备都要产生自己的射频场，以便进行通信。这是对等网络通信的标准模式，可以获得非常快速的连接设置。

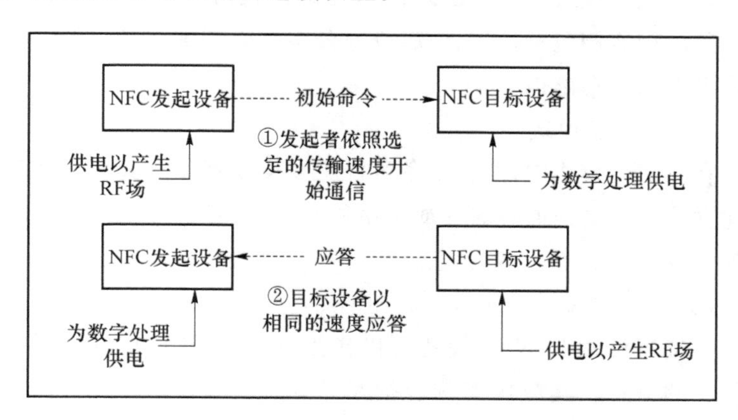

图5-7　主动通信模式

2. 被动通信模式

在被动通信模式下，启动NFC通信的设备〔即NFC发起设备(主设备)〕在整个通信过程中提供射频场(RF-field)，如图5-8所示。它可以选择106 kbit/s、212 kbit/s或424 kbit/s中一种传输速度，将数据发送到另一台设备。另一台设备〔即NFC目标设备(从设备)〕不用产生射频场，而使用负载调制(load modulation)技术，即可以相同的速度将数据传回发起设备。NFC 发起设备在被动通信模式下,可以用相同的连接和初始化过程检测非接触式智能卡或 NFC 目标设备,并与之建立联系。

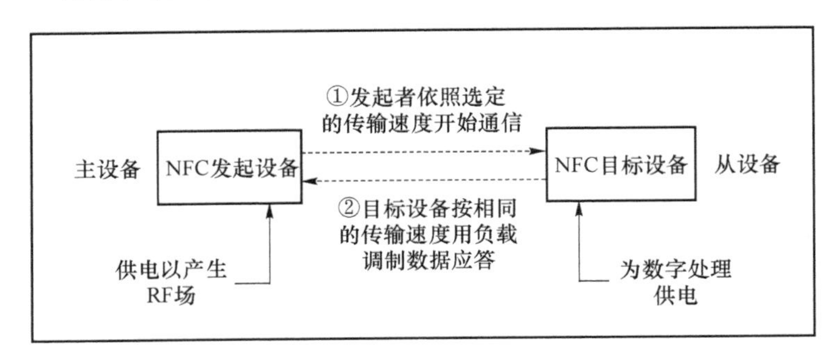

图 5-8　被动通信模式

NFC 的工作模式有如下几种。

(1) 卡模拟模式

在卡模拟模式中,NFC 设备与传统非接触式卡的工作方式相似。其应用实例包括住宅、酒店或办公室的无钥匙门禁系统。可以远程派发和撤销虚拟卡。

(2) 点对点模式

在点对点模式中,两台设备可以主动交换数据。其应用实例包括建立连接以交换商务名片或将手机对准 NFC 打印机以打印手机上的文件。

(3) 读写模式

在读写模式中,NFC 设备可以作为读卡器,读取或写入互操作标签上的信息。其应用实例包括互动式广告(NFC 广告可以引导设备打开网页)或远程安检(安防人员使用移动设备读取门禁卡)。

NFC 标签是无须电源的被动装置。在使用时,用户将具有 NFC 功能的设备与其接触。标签从读写器获得很小的电源驱动,把小量信息传输到读写器。标签内存里的数据被传至带有 NFC 功能的设备。目前支持 NFC 的标签类型有 4 种,并以“1”至“4”来标识,不同的标签拥有不同的格式与容量。

第 1 类标签(tag 1 type):此类型基于 ISO14443A 标准,通信速度为 106 kbit/s;具有可读、重新写入的能力,用户可将其配置为只读；存储能力为 96 B(最高可扩充到 2 KB)，用来存网址或其他小量数据。此类 NFC 标签简洁，故成本效益较好，适用于许多 NFC 应用。

第 2 类标签(tag 2 type)：此类标签也基于 ISO14443A 标准，具有可读、重新写入的能力，用户可将其配置为只读。其基本内存大小为 48 KB，但可被扩充到 2KB，通信速度也是 106 kbit/s。

第 3 类标签(tag 3 type)：此类标签基于 Sony FeliCa 体系；具有 2 KB 的内存容量，数据通信速度为 212 kbit/s。故此类标签适合较复杂的应用，但成本较高。

第 4 类标签(tag 4 type)：此类标签被定义为与 ISO14443A 标准、B 标准兼容；制造时被预先设定为可读/可重写或者只读；内存容量可达 32 KB，通信速度介于 106 kbit/s 和 424 kbit/s 之间。

前两类与后两类在内存容量、构成方面大不相同。其中第 1 类与第 2 类标签是双态的，可为读/写或只读。第 3 类与第 4 类标签则是只读的，数据在生产时写入或者通过特殊的标签写入器来写入。

移动支付系统推动智能手机使用 NFC。在商店中会看到 NFC 支付终端、NFC 自动售货机以及用于公共交通的自动售票及检票系统，部分产品使用手机本身作为移动支付终端。使用到的 NFC 功能主要分为五大类：接触通过(touch and go)、接触支付(touch and pay)、接触连接(touch and connect)、接触浏览(touch and explore)、下载接触(load and touch)。

(1) NFC 用于移动支付

NFC 支付并非在手机内绑定银行卡的完整信息，而是形成特殊的 Token 号码，在支付时通过 NFC 通信把 Token 号码传递给 POS 机，POS 机再把 Token 号码和交易金额发送给银联，从而进行验证和完成交易，在这个过程中手机是不需要联网的，也就相当于用户的实体银行卡。

NFC 支付涵盖 HCE 方式、NFC-SIM 卡和银联云闪付卡。NFC-SIM 卡需要运营商提供的特制 SIM 卡，配合运营商的钱包 App 来使用。银联云闪付卡则较为简便，只需要在带 NFC 功能的手机上安装云闪付 App 或各大银行的 App，便可以使用。

(2) NFC用于数据传输

目前NFC传输还是以图片、文本、网页链接等小文件为主，如果需要大文件的交换，可以用NFC建立连接、蓝牙或Wi-Fi传输大数据的方式实现。

5.1.3 ZigBee技术

ZigBee技术在货物跟踪、建筑物监测、环境保护等方面都有很好的应用前景。传感器网络要求节点低成本、低功耗，能够自动组网并且易于维护，可靠性高。ZigBee在组网和低功耗方面的优势使得它成为传感器网络应用的一个很好的技术选择。

ZigBee是基于IEEE 802.15.4标准的低功耗局域网协议。根据国际标准的规定，ZigBee技术是一种短距离、低功耗的无线通信技术，它来源于蜜蜂的八字舞，蜜蜂(bee)是通过飞翔和"嗡嗡"(zig)抖动翅膀的"舞蹈"来与同伴传递花粉所在方位信息的，而ZigBee协议的方式特点与其类似，便命名为ZigBee。

一些智能家居系统都在运用ZigBee技术，ZigBee采用AES(高级加密标准)加密，严密程度相当于银行卡加密技术的12倍，技术安全性较高。ZigBee采用蜂巢结构组网，每个设备都能通过多个方向与网关通信，以保障网络的稳定性。ZigBee的每个设备还具有无线信号中继功能，可以接力传输通信信息，把信息传到1 000 m以外。ZigBee网络容量理论节点超过6万个，能够满足家庭网络的覆盖需求，对智能小区、智能楼宇等只需要1台主机就能实现全面覆盖。ZigBee具备双向通信的能力，不仅能发送命令到设备，还能把执行状态和相关数据反馈回来。ZigBee采用了极低功耗设计，可以全电池供电，理论上一节电池能使用2年以上。

1. ZigBee技术的特点

ZigBee采用DSSS技术，与蓝牙等无线通信技术相比，其优点如下。

① 功耗更低：采用一般的电池，ZigBee产品可使用数月至数年，适用于那些需要一年甚至更长时间才需更换电池的设备。

② 接入设备多：ZigBee的解决方案支持每个网络协调器带有255个激活节点，多个网络协调器可以连接大型网络。2.4 GHz频

段可容纳 16 个通道，每个网络协调器带有 255 个激活节点(蓝牙只有 8 个)，ZigBee 技术允许在一个网络中包含 4 000 多个节点。

③ 成本低：ZigBee 只需要 80C51 类处理器及少量软件即可实现，无须主机平台。从天线到应用实现只需 1 块芯片。蓝牙需依靠较强大的主处理器(如 ARM7)，芯片构架也比较复杂。

④ 传输速率更低：ZigBee 原始数据吞吐速率在 2.4 GHz(10 个通道)频段为 250 kbit/s，在 915 MHz(6 个通道)频段为 40 kbit/s，在 868 MHz(1 个通道)频段为 20 kbit/s。传输距离为 10～20 m。

⑤ 低时延：ZigBee 从睡眠转入工作状态只需 15 ms，节点连接进入网络只需 30 m。相比较，蓝牙从睡眠转入工作状态需要 3～10 s，Wi-Fi 需要 3 s。

⑥ 高容量：ZigBee 可采用星状、片状和网状网络结构，由一个主节点管理若干个子节点，最多一个主节点可管理 254 个子节点，主节点还可由上一层网络节点管理，最多可组成 65 000 个节点的大网。

⑦ 高安全：ZigBee 提供了三级安全模式，包括无安全设定，使用接入控制清单(ACL)防止非法获取数据，采用高级加密标准(AES128)的对称密码确定其安全属性。

⑧ 免费频段：使用工业科学医疗(ISM)频段，分别为 915 MHz(美国)、868 MHz(欧洲)、2.4 GHz(全球)。由于此 3 个频带物理层并不相同，故其各自信道的带宽也不同，分别为 0.6 MHz、2 MHz 和 5 MHz。3 个频带分别有 1 个、10 个和 16 个信道。这 3 个频带的扩频和调制方式亦有区别。扩频都使用直接序列扩频(DSSS)，但从比特到码片的变换差别较大。调制方式都用了调相技术，但 868 MHz 和 915 MHz 频段采用的是 BPSK，而 2.4 GHz 频段采用的是 OQPSK。

2. ZigBee 技术的工作原理

(1) ZigBee 协议栈

ZigBee 标准采用分层结构，从下往上依次是物理层、数据链路层、网络层和应用层。网络层以上的协议由 ZigBee 联盟制定，IEEE 802.15.4 标准定义物理层和数据链路层。

物理层提供数据服务和管理服务，主要工作是启动与关闭无线传输接收器，传输与接收数据，选择使用频道，在目前的频道上做信号能量侦测，进行数据的调制传输与接收解调，进行空闲频道评估（CCA）和针对接收的封包执行链路品质指示（LQI）。IEEE 802.15.4定义了两个物理层标准，分别是2.4 GHz和868/915 MHz物理层。2.4 GHz的物理层采用16相调制技术，传输速率为250 kbit/s。868 MHz的物理层的传输速率为20 kbit/s，915 MHz的物理层的传输速率是40 kbit/s。

数据链路层负责设备间无线数据链路的建立、维护，确认模式的帧传送与接收，信道接入控制，帧校验，预留时隙管理和广播信息管理。IEEE 802.15.4的MAC层可足够灵活地来处理这些数据通信。MAC层使用标识使能来处理周期性数据，当有标识使能时，传感节点会被唤醒来检测信息，然后再返回睡眠状态。间歇性数据可以在无标识网络中被处理或是以不连贯的方式被处理。当以不连贯的方式被处理时，需要在通信能节约大量能量的情况下，设备才加入网络。

网络层由ZigBee标准规定，操作IEEE 802.15.4 MAC子层和应用层提供的服务接口。网络层为应用层提供两种服务实体：数据实体和管理实体。网络层数据实体提供数据传输服务；网络层管理实体提供管理服务，同时负责维护网络数据。

ZigBee应用层由3个部分组成：应用支持子层（Application Support Sub-layer，APS）、ZigBee设备对象（ZigBee Device Object，ZDO）和制造商定义的应用对象。APS提供了这样的接口：在NWK层和APL层之间，从ZDO到供应商的应用对象的通用服务集。服务由两个实体实现：APS数据实体（APSDE）和APS管理实体（APSME）。ZigBee设备对象位于应用框架和应用支持子层之间，描述了一个基本的功能函数，这个功能在应用对象、设备profile和APS之间提供了一个接口。

每个ZigBee设备都与一个特定模板有关，模板定义了设备的应用环境、设备类型以及用于设备间的通信簇。公共模板确保不同供应商的设备在相同应用领域中的互操作性。设备是由模板定义的，并以应用对象的形式实现。每个应用对象都通过一个端点连接到ZigBee堆栈的余下部分，它们都是器件中可寻址的组件。ZigBee

应用层只定义编号 1～240 的 240 个应用对象，编号 241～254 保留于未来使用。编号 0 与编号 255 是给予其他方面使用的。ZigBee 应用层的通信基础是由 ZigBee 产品供应商发展的模板所构成的，某一模板提供 ZigBee 特定应用技术需求的解决方案。

(2) ZigBee 路由算法

由 ZigBee 联盟发布的 ZigBee 协议的标准中，网络层通过两种路由协议相互补充并进行路由的发现与数据的转发。这两种路由协议分别是按需路由协议 AODV 和基于分簇的 Cluster-Tree 协议。AODV 协议主要适用于动态变化的网络环境中，通过路由请求、路由回复等机制每次都能发现最新的转发路径。

(3) ZigBee 的网络构架

ZigBee 作为一种短距离、低功耗、低数据传输速率的无线网络技术，应用非常广泛，得益于强大的组网能力，可以形成星形、树状和网状 3 种 ZigBee 网络，3 种 ZigBee 网络的结构各有优势，可以根据实际项目的需要来选择合适的 ZigBee 网络结构。

① 星形拓扑

星形拓扑(见图 5-9)包含一个 Coordinator(协调者) 节点和一系列的 End Device(终端)节点。每一个 End Device 节点只能和一个 Coordinator 节点进行通信。如果需要在两个 End Device 节点之间进行通信，必须通过 Coordinator 节点进行信息的转发。

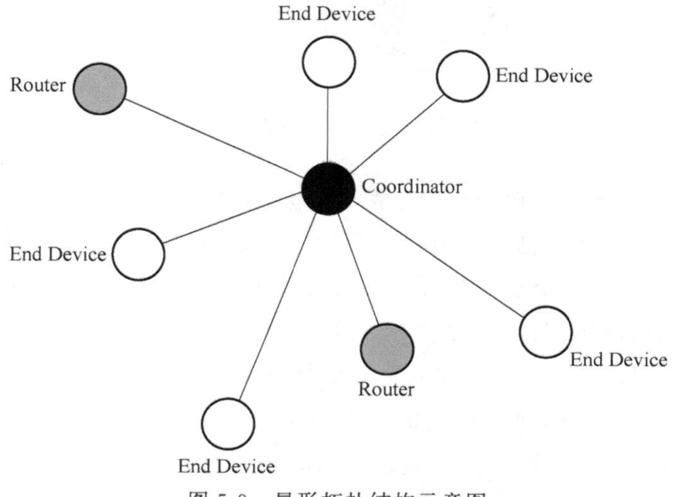

图 5-9　星形拓扑结构示意图

星形拓扑结构的缺点是节点之间的数据路由只有唯一的一个路径。Coordinator 有可能成为整个网络的瓶颈。实现星形网络拓扑不需要使用 ZigBee 的网络层协议，因为 IEEE 802.15.4 的协议层本身就已经实现了星形拓扑结构。

② 树状拓扑

树状拓扑包括一个 Coordinator 以及一系列的 Router(路由器)和 End Device 节点。Coordinator 连接一系列的 Router 和 End Device，它的子节点的 Router 也可以连接一系列的 Router 和 End Device，这样可以重复多个层级。树状拓扑结构如图 5-10 所示。

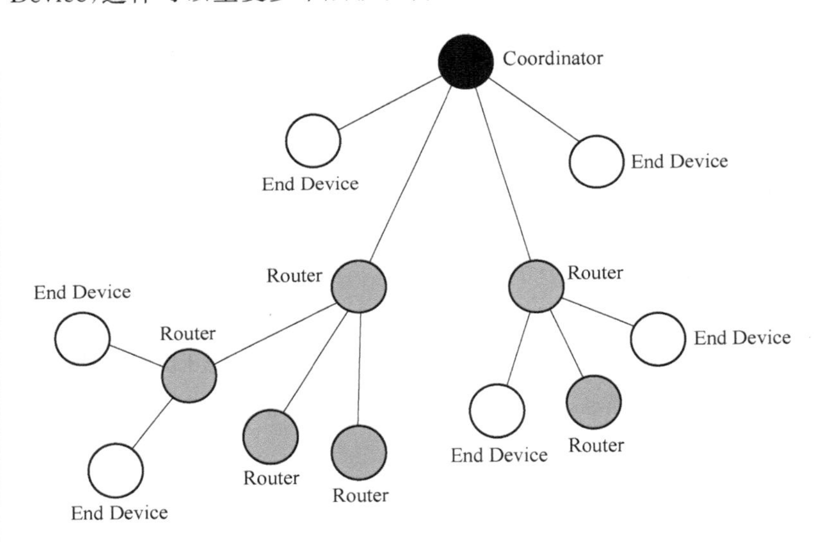

图 5-10 树状拓扑结构示意图

Coordinator 和 Router 节点可以包含自己的子节点。End Device 不能有自己的子节点。有同一个父节点的节点之间称为兄弟节点，有同一个祖父节点的节点之间称为堂兄弟节点。树状拓扑中的通信规则：每一个节点都只能与他的父节点和子节点进行通信。如果需要从一个节点向另一个节点发送数据，那么信息将沿着树的路径向上传递到最近的祖先节点，然后再向下传递到目标节点。这种拓扑结构的缺点是信息只有唯一的路由通道。另外信息的路由是由协议栈层处理的，整个路由过程对于应用层是完全透明的。

③ 网状拓扑

Mesh拓扑（网状拓扑）包含一个Coordinator和一系列的Router和End Device。这种网络拓扑结构和树状拓扑结构相同。网状拓扑具有更加灵活的信息路由规则，在可能的情况下，路由节点之间可以直接通信。这种路由机制使得信息的通信变得更有效率，一旦一个路由路径出现了问题，信息可以自动地沿着其他的路由路径进行传输。网状拓扑结构如图5-11所示。

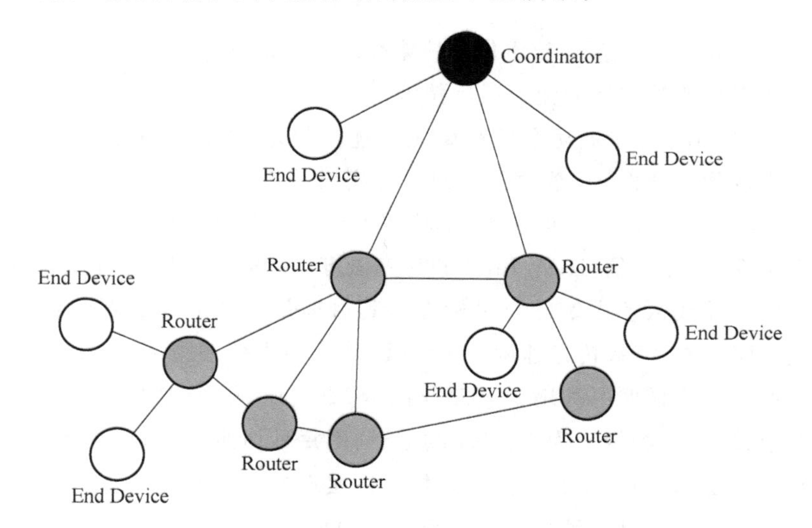

图5-11 网状拓扑结构示意图

网状拓扑结构的网络具有强大的功能，网络可以通过“多级跳”的方式来通信；该拓扑结构还可以组成极为复杂的网络，并且网络还可以具备自组织、自愈功能。

3. ZigBee技术的应用

ZigBee作为一种低速率的短距离无线通信技术，有其自身的特点，ZigBee的一些应用有智能家居、工业控制、自动抄表、医疗监护、传感器网络等。

智能家居：许多家用电器和电子设备，如电灯、电视机、冰箱、洗衣机、计算机、空调、烟雾感应、报警器和摄像头等，使用ZigBee技术可以把这些电子、电器设备都联系起来，组成一个网络，通过网关连接到Internet，用户可以方便地在任何地方监控自己家里的情况。

医疗监护：在人体上安装传感器可以监测健康状况，如测量脉搏、血压等。在人体的周围环境中放置一些监视器和报警器，可以随时对人的身体状况进行监测，人的身体一旦发生问题，这些监视器和报警器可以及时地做出反应。这些监视器和报警器可以通过ZigBee技术组成一个监测的网络，由于是无线技术，故传感器之间不需要有线连接，被监护的人可以比较自由地行动。

5.1.4 Bluetooth 技术

Bluetooth（蓝牙）技术作为一个全球公开的无线应用标准，是目前使用得比较广泛的无线通信技术。

Bluetooth是低功率短距离无线连接技术，可以用来在较短距离内取代线缆连接，通过统一的短距离无线链路，在各种数字设备之间实现灵活、安全、低成本、小功率的话音和数据通信。蓝牙技术是由东芝、爱立信、IBM、Intel和诺基亚于1998年5月共同提出的近距离无线数字通信的技术标准。其目标是实现最高数据传输速度1 Mbit/s（有效传输速度为721 kbit/s）、最大传输距离10 m，用户不必经过申请便可利用2.4 GHz的ISM（工业、科学、医学）频带，在其上设立79个带宽为1 MHz的信道，用每秒切换1 600次的频率、滚齿（hobbing）方式的频谱扩散技术来实现电磁波的收发。

蓝牙技术是一种短距离无线通信的技术规范，最初的目标是取代掌上电脑、移动电话等各种数字设备上的有线电缆连接。由于蓝牙体积小、功率低，所以其应用已不局限于计算机外部设备，几乎可以被集成到任何数字设备中，特别是那些对数据传输速率要求不高的移动设备和便携设备。蓝牙技术的特点有如下几个。

（1）全球范围适用

蓝牙工作在2.4 GHz的ISM频段，全球大多数国家ISM频段的范围是2.4～2.483 5 GHz，使用该频段无须向各国的无线电资源管理部门申请许可证。

（2）可同时传输语音和数据

蓝牙采用电路交换和分组交换技术，支持一路数据信道、三路语音信道以及异步数据与同步语音同时传输的信道。每个语音信道的数据速率为64 kbit/s，语音信号编码采用脉冲编码调制（PCM）

或连续可变斜率增量调制(CVSD)方法。当采用非对称信道传输数据时,速率最高为 721 kbit/s,反向为 57.6 kbit/s;当采用对称信道传输数据时,速率最高为 342.6 kbit/s。蓝牙有两种链路类型:异步无连接(ACL)链路和同步面向连接(SCO)链路。

(3) 可以建立临时性的对等连接

根据在网络中的角色,蓝牙设备可分为主设备和从设备。主设备是组网连接主动发起请求的蓝牙设备,几个蓝牙设备连接成一个皮网时,其中只有一个主设备,其余的均为从设备。皮网是蓝牙最基本的一种网络形式,最简单的皮网是一个主设备和一个从设备组成的点对点通信连接。

(4) 具有较好的抗干扰能力

工作在 ISM 频段的无线电设备有很多,如微波炉、无线局域网(Wi-Fi)等产品,为了避免来自这些设备的干扰,蓝牙采用了跳频方式来扩展频谱。将 2.402～2.48 GHz 频段分成 79 个频点,相邻频点的间隔为 1 MHz,蓝牙设备在某个频点发送数据之后,再跳到另一个频点发送,而频点的排序则是伪随机的,每秒频率改变 1 600 次,每个频率持续 625 us。

(5) 低功耗

蓝牙设备在通信连接(connection)状态下有 4 种工作模式,分别是激活模式(active)、呼吸模式(sniff)、保持模式(hold)、休眠模式(park)。激活模式是正常的工作状态,另外 3 种是为了节能而规定的低功耗模式。

1. Bluetooth 技术的工作原理

蓝牙技术规定每一对设备之间进行蓝牙通信时,必须一个为主设备,另一个为从设备,才能进行通信,通信时,必须由主设备进行查找,发起配对,建链成功后,双方即可收发数据。一个蓝牙主设备可同时与 7 个蓝牙从设备进行通信。一个具备蓝牙通信功能的设备,可以在两个角色间切换,平时工作在从模式,等待其他主设备来连接,需要时,转换为主模式,向其他设备发起呼叫。一个蓝牙设备以主模式发起呼叫时,需要知道对方的蓝牙地址、配对密码等信息,配对完成后,可直接发起呼叫。

主端蓝牙设备发起呼叫,首先是查找,找出周围处于可被查找状态的蓝牙设备。主端蓝牙设备找到从端蓝牙设备后，与从端蓝牙设备进行配对，此时需要输入从端蓝牙设备的 PIN 码，也有设备不需要输入 PIN 码。配对完成后，从端蓝牙设备会记录主端蓝牙设备的信息，此时主端蓝牙设备即可向从端蓝牙设备发起呼叫，已配对的设备在下次呼叫时，不再需要重新配对。此外，作为从端设备的蓝牙耳机也可以发起建链请求，链路建立成功后，主从两端之间即可进行双向的数据或语音通信。在通信状态下，主端和从端蓝牙设备都可以发起断链，断开蓝牙链路。

在蓝牙的数据传输应用中，一对一串口数据通信是最常见的应用之一，蓝牙设备在出厂前即提前设好两个蓝牙设备之间的配对信息，主端预存有从端设备的 PIN 码、地址等，两端设备加电即自动建链，透明串口传输，无须外围电路干预。一对一应用中从端设备可以设为两种类型：一是静默状态，即只能与指定的主端通信，不能被别的蓝牙设备查找；二是开发状态，既可以被指定主端查找，也可以被别的蓝牙设备查找建链。

蓝牙系统按照功能主要分为 4 个单元：无线射频单元、链路控制单元（LinkController）、链路管理单元（LinkManager）和蓝牙协议单元。无线射频单元主要负责数据和语音的发送和接收。链路控制单元进行射频信号与数字或语音信号的相互转换，实现基带协议和其他的底层连接规程。链路管理单元负责管理蓝牙设备之间的通信，实现链路的建立、验证，链路配置等操作。蓝牙协议是为个人区域内的无线通信制定的协议，它包括两部分：核心（core）部分和协议子集（profile）部分。协议栈采用分层结构，分别完成数据流的过滤和传输、跳频和数据帧的传输、连接的建立和释放、链路的控制、数据的拆装等功能。

2. 蓝牙的网络拓扑结构

（1）微微网

微微网（piconet，皮网）：是由采用蓝牙技术的设备以特定方式组成的网络。微微网的建立是由两台设备的连接开始的，微微网最多由 8 台设备构成。所有的蓝牙设备都是对等的，以同样的方式工作。当一个微微网建立时，只有一台主设备，其他均为从设备，而且在一个微微网的存在期间将一直维持这一状况。

(2) 散射网

散射网(scatternet):是由多个独立、非同步的微微网形成的。它靠跳频顺序识别每个微微网。同一微微网的所有用户都与这个跳频顺序同步。

3. 蓝牙的调制方式

(1) 高斯频移键控

蓝牙使用0.5BT高斯频移键(GFSK)的数字频率调制技术实现彼此间的通信。把载波上移157 kHz代表"1",下移157 kHz代表"0",速率为每秒100万符号(或比特),然后用"0.5"将数据滤波器的−3 dB带宽设定在500 kHz,这样就可以限制射频占用的频谱。

(2) π/4-DQPSK和8DPSK

在蓝牙增强速率(Enhanced Data Rate,EDR)模式下,接入码(access code)和分组头(packet header)通过BR模式的1 Mbit/s的GFSK调制方式来传输,而后面的同步序列、净荷以及尾序列通过EDR模式的PSK调制方式来传输。2 Mbit/s的PSK调制传输采用π/4循环差分相位编码的四进制键控方式,每个码元代表2 bit信息。3 Mbit/s的PSK调制传输采用循环差分相位编码的八进制键控方式(8DPSK),每个码元代表3 bit信息。对于π/4-DQPSK和8DPSK调制方式,支持EDR的蓝牙设备不具有强制性要求,只有在条件允许和环境比较好的情况下使用。

4. 频率范围和信道

蓝牙系统工作在2.45 GHz的免费ISM频段,它和WLAN等其他无线通信标准共用频段。

5. 跳频技术

跳频技术是把频带分成若干个跳频信道(hop channel),在一次连接中,无线电收发器按一定的码序列(即一定的规律,技术上叫作"伪随机码")不断地从一个信道"跳"到另一个信道,只有收发双方是按这个规律进行通信的,而其他的干扰不可能按同样的规律进行通信。

与其他工作在相同频段的系统相比,蓝牙跳频技术的速度更快,数据包更短,这使蓝牙系统具有足够高的抗干扰能力。

6. Bluetooth 技术的应用

自从 BSIG 向全世界发布了蓝牙技术标准，蓝牙技术就发展迅猛，目前 BSIG 的成品已经超过了 2 500 家，几乎涵盖了全球各行各业，包括通信、计算机、商务办公、工业、家庭、医学、军事、农业等。

在通信方面，第二代产品是带有嵌入式蓝牙技术模块的数据通信产品，它们能够在单个设备之间(如笔记本式计算机与 PDA 间)传送数据或文件，另外它们还可以构成特定网络。蓝牙技术产品应用于移动电话、家庭及办公室电话系统中，可以实现真正意义上的个人通信、个人局域网。个人局域网将移动电话作为信息网关，使各种便携式设备之间可以交换内容。

在家庭方面，蓝牙技术可以将信息家电、家庭安防设施等与某一类型的网络进行有机结合，建立一个智能家居系统。智能家居系统可分为两大部分：家庭安防系统和智能家居布线系统。家庭安防系统是在特定的情况下将报警信号传送至户主的办公电话、计算机、移动电话或者小区的安防控制中心，从而实现全天候、全方位、全自动的报警。智能家居布线系统将家庭内的网络信息家电、三表系统、各类开关、电话、传真、计算机、电视、安防监控设备等各种设施统一规划在一个有序的状态下，以统一管理，使之功能更强大、使用更方便、维护更容易、扩展新用途更容易。

在工业应用方面，如在工业测控、故障诊断领域，或者在对移动工业设备进行控制的场合，采用无线通信技术具有很大的优越性。工业现场的电磁干扰频率一般在 1 GHz 以下，因此蓝牙技术用于工业现场环境有其突出的优势。

5.1.5 LoRa 技术

由于耗电和成本等方面的问题，物联网(IoT)无线节点中只有少数使用移动通信网络技术。尽管电信运营商大规模网络覆盖较好，但是对于远距离、节点数量规模大、低功耗的无线终端细分市场——无线传感网、智能城市、智能农业、智能电网、智能家居、安防设备和工业控制等方面，电信运营商的网络不具有优势。对于物联网来说，LoRa 是能支持节点低功耗、远距离的低功耗广域网(Low Power Wide Area Network，LPWAN)技术，支持用户自己建网。

LoRa 是美国 Semtech 公司推广的一种基于扩频技术的超远距离无线传输方案。这一方案改变了以往关于传输距离与功耗的折中考虑方式，为用户提供了一种简单的能实现远距离、长电池寿命、大容量的系统，进而扩展了传感网络。目前，LoRa 主要在全球免费频段运行，包括 433 MHz、868 MHz、915 MHz 等。

1. LoRa 的网络构成

LoRa 网络主要由终端(可内置 LoRa 模块)、网关(或称基站)、网络服务器以及应用服务器四部分组成。应用数据可双向传输。

2. LoRaWAN 标准

LoRaWAN 是 LoRa 联盟推出的一个基于开源的 MAC 层协议的低功耗广域网标准。这一标准可以为电池供电的无线设备提供局域、全国或全球的网络。LoRaWAN 可以提供安全双向通信、移动通信和静态位置识别等服务。无须本地复杂配置，就可以让智能设备间实现无缝对接互操作，给物联网领域的用户、开发者和企业自由操作的权限。

LoRaWAN 网络架构采用星形拓扑结构，在这个网络架构中，LoRa 网关是一个透明传输的中继，连接终端设备和后端中央服务器。网关与服务器间通过标准 IP 连接，终端设备采用单跳与一个或多个网关通信。所有的节点与网关间均是双向通信，支持云端升级等操作以减少云端通信时间。终端与网关之间的通信是在不同频率和数据传输速率的基础上完成的，数据速率的选择需要在传输距离和消息时延之间权衡。LoRaWAN 的数据传输速率范围为 0.3～37.5 kbit/s，为了最大化终端设备电池的寿命和整个网络的容量，LoRaWAN 网络服务器通过速率自适应(Adaptive Data Rate, ADR)方案来控制数据的传输速率和每一终端设备的射频输出功率。

全国性覆盖的广域网络瞄准的是关键性基础设施建设、机密的个人数据传输和社会公共服务等物联网应用。LoRaWAN 一般采用多层加密的方式来解决安全通信：①独特的网络密钥(EU164)，保证网络层安全；②独特的应用密钥(EU164)，保证应用层终端到终端之间的安全；③属于设备的特别密钥(EUI128)。

LoRaWAN 网络根据实际应用的不同，把终端设备划分成

A/B/C 3 类。

Class A：双向通信终端设备。终端设备允许双向通信，每一个终端设备的上行传输都会伴随着两个下行接收窗口。终端设备的传输槽是基于其自身通信需求的，其微调是基于一个随机的时间基准（ALOHA 协议）的。

Class B：具有预设接收槽的双向通信终端设备。终端设备会在预设时间内开放多余的接收窗口，为了达到这一目的，终端设备会同步从网关接收一个 Beacon，通过 Beacon 将基站与模块的时间进行同步。这种方式能使服务器知晓终端设备正在接收数据。

Class C：具有最大接收槽的双向通信终端设备。终端设备持续开放接收窗口，只在传输时关闭。

3. LoRa 联盟

LoRa 联盟（LoRa Alliance）是 2015 年 3 月 Semtech 牵头成立的一个开放的、非营利的组织，发起成员还有法国的 Actility、中国的 AUGTEK 和荷兰的皇家电信 kpn 等企业。不到一年的时间，联盟已经发展了成员公司 150 余家，包括 IBM、思科、法国 Orange 等。产业链（终端硬件生产商、芯片生产商、模块网关生产商、软件厂商、系统集成商、网络运营商）中的每一环均有大量的企业。

4. LoRa 关键技术

LoRa 融合了数字扩频、数字信号处理和前向纠错编码技术，前向纠错编码技术是指给待传输数据序列增加一些冗余信息，这样在数据传输进程中注入的错误码元在接收端就会被及时纠正。数据包分组加上前向纠错编码可保障可靠性，数据包被送到数字扩频调制器中。这一调制器将分组数据包中每一比特都馈入一个“展扩器”中，将每一比特时间都划分为众多码片。LoRa 抗噪声能力强大。

LoRa 调制解调器经配置后，可划分的范围为 64～4 096 码片/比特，最高可使用 4096 码片/比特中的最高扩频因子。通过使用高扩频因子，LoRa 技术可将小容量数据通过大范围的无线电频谱传输出去。这些扩频后的数据看上去像噪声。扩频因子越高，数据越容易从噪音中提取出来。在 GFSK 接收端，8 dB 的最小信噪比（SNR）若要可靠地解调出信号，需采用配置 AngelBlocks 的方式，

LoRa 解调一个信号所需信噪比为－20 dB,GFSK 方式与这一结果的差距为 28dB,这相当于范围和距离扩大了很多。在户外环境下,6 dB 的差距就可以实现原来 2 倍的传输距离。

采用了 LoRa 技术,物联网就能够以低发射功率获得更广的传输范围和距离,这种低功耗广域技术正是未来降低物联网建设成本、实现万物互联所必需的。

5.1.6 5G 技术

5G 标准的制定充分考虑了物联网应用的需求,提供用户所需的连接灵活性,提供物联网应用所需的网络连接。

5G 即第五代移动通信技术。第一代是模拟技术;第二代开始实现了数字化技术,提供语音通信服务;第三代以多媒体通信为特征,可以支持图片传输、网络浏览;第四代的通信速率大大地提高了,此时进入无线宽带时代,4G 能比较好地支持视频。5G 实现了从移动互联网向物联网的拓展。

5G 网络启用毫米波(26.5～300 GHz)进行通信,带宽大为提升,5G 网络基站是大量小型基站,功耗比目前的大型基站低,基站的天线规模也会大增,形成阵列,以提升移动网络容量,发送更多的信息;5G 采用网络功能虚拟化(NFV)和软件定义网络(SDN),将云端处理的信息传输到智能设备端。手机等终端的应用可以借力云端计算获得更强大的处理能力。

1. 5G 的网络架构

国际移动通信标准组织 3GPP 明确 5G 核心网采用 SBA 架构(Service-Based Architecture,基于服务的网络架构)作为统一基础架构。这意味着 5G 网络走向开放化、服务化、软件化方向,这有利于实现 5G 与垂直行业的融合。

5G 整体系统的设计包括顶层设计、无线网设计、核心网设计等,系统架构标准项目主要是进行顶层设计和核心网设计,对 5G 系统架构、功能、接口关系、流程、漫游、与现有网络的共存关系进行标准化。

2. 5G 的工作原理

按照 3GPP 的定义,5G 具备高性能、低延迟与高容量特性,而这些优点由毫米波、小基站、Massive MIMO、波束赋形以及全双工这五大技术来支撑。

（1）毫米波

无线传输增加传输速率有两种方法，一是增加频谱利用率，二是增加频谱带宽。5G使用毫米波（26.5～300 GHz）就是通过第二种方法来提升速率，在28 GHz频段可用频谱带宽达到1 GHz，60 GHz频段每个信道的可用信号带宽为2 GHz。毫米波的缺点是穿透力差、绕射能力差、衰减大，5G通信在城市环境下传输采用小基站来解决毫米波频段衰减问题。

（2）小基站

毫米波的穿透力差、绕射能力差并且在空气中的衰减大，5G移动通信采用大量的小型基站覆盖方式弥补这一缺陷。

（3）Massive MIMO

5G基站采用Massive MIMO（Multiple-Input Multiple-Output，多输入多输出）天线技术。5G基站可以支持上百根天线，这些天线可以通过Massive MIMO技术形成大规模天线阵列，这样基站可以同时支持更多用户发送和接收信号，从而提升移动网络的容量。

（4）波束赋形

Massive MIMO技术：天线阵列集成了更多的天线来实现波束赋形（beamforming），通过有效地控制这些天线上的信号及相位，让它们发出的每个电磁波在空间上干涉，达到互相抵消或者增强，就可以形成一个空间上很窄的波束，而不是全向发射，有限的能量都集中在特定方向上进行传输，不仅使传输距离更远，而且还避免了信号的干扰，实现了空分复用，提升了频谱利用率，以发送更多信息。通过波束赋形可以解决毫米波信号被障碍物阻挡以及远距离衰减的问题。

（5）全双工

收发设备使用相同的频率资源进行双向通信，突破了现有的频分双工（FDD）和时分双工（TDD）模式。在同一信道上同时接收和发送，大大地提升了频谱效率。

3. 5G的技术优势

从1G到2G，移动通信技术完成了从模拟到数字的转变，在语音业务的基础上，扩展支持低速数据业务。从2G到3G，数据传输能力得到提升。3G的峰值速率可达2 Mbit/s至数十兆比特每秒，支持视频电话等移动多媒体业务。4G的传输能力又提升了一个数量级，峰值速率可达100 Mbit/s～1 Gbit/s。5G以全新的网络架构提供峰值10 Gbit/s以上的带宽，用户体验速率可稳定在1 Gbit/s～2 Gbit/s。5G还具备低延迟和超高密度连接的优势。5G高容量的特性让生活在人员密集、流量需求大区域的用户，也能享受到高速网络。5G有效地支持了海量物联网设备的接入，流量密度可达10 Mbit/(s・m^2)，支持未来千倍以上移动业务流量的增长。

4. 5G的应用

5G提供高质量的通信网络环境，可以给客户带来的最直接的感受就是高速度、高兼容性，可以很好地支持物联网、时延要求高的VR/AR技术、无人驾驶。

(1) VR/AR

当VR体验者做出动作时，整个系统从监测动作到将动作反映到VR视野中会有一定的延迟滞后，观众就会感到晕，5G的时延极短，会减轻由时延带来的眩晕感。

(2) 无人驾驶

智能驾驶技术的核心部分主要由传感器、控制器和执行器组成，4G网络可以支持部分无人驾驶(定速巡航、自动紧急刹车等)，5G更低的时延可以支撑驾驶系统在更短的时间内对突发情况做出快速反应。

5.1.7 NB-IoT技术

物联网中低速率业务占据很大的比重，但蜂窝技术对低速率业务还没有好的支持，所以低速率业务拥有巨大的需求空间。窄带物联网技术(Narrow Band-Internet of Thing, NB-IoT)是在LTE的基础上发展起来的，既具有迫切的市场需求，同时也具备良好的通信网络支撑，所以其具有广阔的发展前景。

NB-IoT是物联网领域基于蜂窝的窄带物联网技术，支持低功耗设备在广域网的蜂窝数据连接，也是低功耗广域网(LPWAN)。NB-IoT只用约180 kHz的频段，可直接部署于GSM网络、UMTS

网络或 LTE 网络，支持待机时间短、对网络连接要求较高设备的高效连接。其主要特点是覆盖广、连接多、速率低、功耗少、架构优等。NB-IoT 使用 License 频段，可采取带内、保护带或独立载波等 3 种部署方式。

1. NB-IoT 技术的特点

（1）强链接

在同一基站的情况下，NB-IoT 比现有的无线技术提供更多的接入节点数。一个扇区能够支持 10 万个链接，支持低延时、低成本、低功耗和优化的网络架构。NB-IoT 可满足未来智慧家庭中大量设备联网的需求。

（2）高覆盖

NB-IoT 室内覆盖能力强，不仅可以满足农村的广覆盖需求，而且可以满足厂区、地下车库、井盖深度覆盖的要求。

（3）低功耗

对于一些不能经常更换电池及不能充电的设备和场合，要求使用寿命最少为几年的情况，物联网要求终端设备低功耗。NB-IoT 设备的功耗可以做到非常小，能有效地支撑物联网的应用。

（4）低成本

低速率、低功耗、低带宽带来的是低成本优势。低速率带来缓存小、DSP 配置低的优势。低功耗对 RF 的设计要求低，小的 PA 就能实现。低带宽不需要复杂的均衡算法。与 LoRa 相比，NB-IoT 无须重新建网，这是 NB-IoT 的优势。

NB-IoT 的局限性有：NB-IoT 必须依赖现有运营商网络，运营商网络覆盖不到的区域，NB-IoT 很难提供服务；在成本方面，NB-IoT模组的价格与蓝牙、ZigBee 等芯片的价格差距较大。大部分物联网场景如智能门锁、数据监测等并不需要实时无线联网，仅需近场通信或者通过有线方式便可完成，无须更换 NB-IoT。

2. NB-IoT 的工作原理

NB-IoT 比 LTE 和 GPRS 基站提升了 20 dB 的增益，能部分地覆盖到地下车库、地下室、地下管道等信号难以到达的地方。NB-IoT 下行采用 OFDMA，上行采用 SC-FDMA，支持半双工，具有单独的同步信号。其设备消耗的能量与数据量或速率有关，单位时间内发出数据包的大小决定了功耗的大小。NB-IoT 引入了 eDRX 省电技术和 PSM 省电模式，进一步降低了功耗，延长了电池使用时间。NB-IoT 可以让设备实时在线，通过减少不必要的信令和在 PSM 状态时不接收寻呼信息来达到省电的目的。eDRX 省电技术进一步延长了终端在空闲模式下的睡眠周期，减少了接收单元不必要的启动，相对于 PSM，大幅度地提升了下行可达性。

3. NB-IoT 的网络结构

(1) 核心网

为了将物联网数据发送给应用，蜂窝物联网(CIoT)在 EPS 中定义了两种优化方案：CIoT EPS 用户面功能优化(user plane CIoT EPS optimisation)；CIoT EPS 控制面功能优化(control plane CIoT EPS optimisation)。

如图 5-12 所示，实线表示 CIoT EPS 控制面功能优化方案，虚线表示 CIoT EPS 用户面功能优化方案。对于 CIoT EPS 控制面功能优化，上行数据从 eNB(CIoT RAN)传送至 MME，在这里传输路径分为两个分支：通过 SGW 传送到 PGW，再传送到应用服务器，或者通过 SCEF(Service Capability Exposure Function)连接到应用服务器(CIoT services)。后者仅支持非 IP 数据传送。下行数据传送路径一样，只是方向相反。这种方案无须建立数据无线承载，数

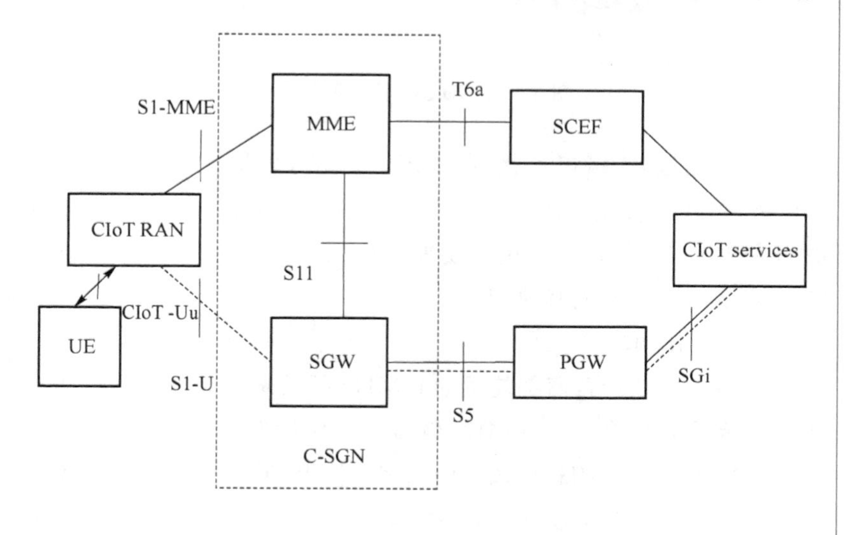

图 5-12　NB-IoT 核心网结构

据包直接在信令无线承载上发送。此方案适合非频发的小数据包传送。SCEF是专门为NB-IoT设计而新引入的,用于在控制面上传送非IP数据包,并为鉴权等网络服务提供了一个抽象的接口。对于CIoT EPS用户面功能优化,物联网数据传送方式和传统数据流量一样,在无线承载上发送数据,由SGW传送到PGW再到应用服务器。这种方案在建立连接时会产生额外开销,优势是数据包序列传送得更快。此方案支持IP数据和非IP数据传送。

(2) 接入网

NB-IoT的接入网构架如图5-13所示,与LTE的接入网构架一样。

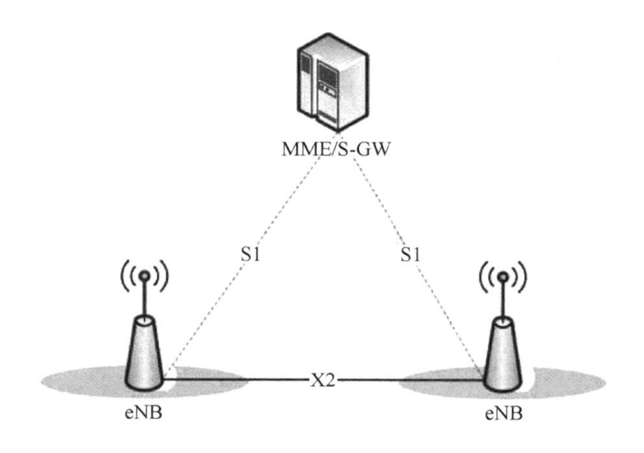

图5-13 NB-IoT接入网构架

eNB通过S1接口连接到MME/S-GW,只是接口上传送的是NB-IoT消息和数据。尽管NB-IoT没有定义切换,但在两个eNB之间依然有X2接口,X2接口使能UE在进入空闲状态后,快速启动resume流程,接入其他eNB。

(3) 工作频段

全球大多数运营商都使用900 MHz频段来部署NB-IoT,也有些运营商将其部署在800 MHz频段内。中国联通的NB-IoT部署在900 MHz、1 800 MHz频段。中国移动使用FDD牌照,重耕现有的900 MHz、1 800 MHz频段。中国电信的NB-IoT部署在800 MHz频段,频宽为5 MHz。NB-IoT的部署频段如表5-2所示。

表 5-2 NB-IoT 的部署频段

运营商	上行频率/MHz	下行频率/MHz	频宽/MHz
中国联通	900～915	945～960	6
	1 745～1 765	1 840～1 860	20
中国移动	890～900	934～944	10
	1 725～1 735	1 820～1 830	10
中国电信	825～840	870～885	5

（4）部署方式

NB-IoT 占用 180 kHz 的带宽，这与在 LTE 帧结构中一个资源块的带宽是一样的，NB-IoT 有 3 种部署方式。

① 独立部署（stand alone operation）

独立部署适合用于重耕 GSM 频段，GSM 的信道带宽为 200 kHz，这刚好为 NB-IoT 180 kHz 的带宽辟出了空间，并且两边还有 10 kHz 的保护间隔。

② 保护带部署（guard band operation）

保护带部署即利用 LTE 边缘保护频带中未使用的 180 kHz 带宽的资源块。

③ 带内部署（in-band operation）

带内部署即利用 LTE 载波中间的任何资源块。

NB-IoT 为物联网时代带来广覆盖、大连接、低功耗、低成本的网络解决方案，适合运营商部署。中国联通在 2018 年开始推进国家范围内的 NB-IoT 商用部署。中国移动于 2017 年开启 NB-IoT 商用化进程。中国电信于 2017 年上半年部署 NB-IoT 网络。

5.2 传感器网络技术

传感器网络是由集成了传感器、微机电、嵌入式计算、网络通信、分布式信息处理等技术的微型传感器，通过协作实时监测、感知和采集各种环境信息，并传送到用户终端而构成的网络，它实现物理世界、计算世界以及人类社会的连通。

5.2.1 传感器网络的体系结构

1. 体系结构概述

传感器网络包括4类基本实体对象(目标、观测节点、传感器节点和感知视场),再结合外部网络、远程任务管理节点和用户来完成整个系统的实现,如图5-14所示。大量传感器节点随机部署,可以通过自组织方式构成网络,协同形成对目标的感知。传感器节点检测的目标信号经本地简单处理后通过邻近传感器节点多跳传输到观测节点。用户和远程任务管理节点通过外部网络与观测节点进行交互。任务管理节点向网络发布查询请求和控制指令,接收传感器节点返回的目标信息。

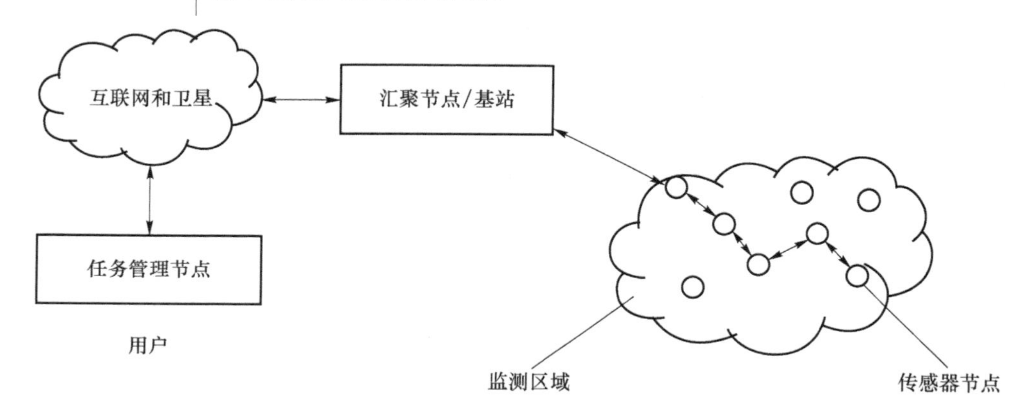

图5-14 传感器网络的体系结构

传感器节点完成原始数据采集、本地信息处理、无线数据传输及与其他节点协同工作的功能。传感器节点可采用飞行器撒播、火箭弹射或人工等方式部署。

传感器节点通过目标的热、红外、声呐、雷达或震动等信号,获取目标温度、湿度、电场强度、光强度、噪声、压力、运动方向或速度等属性。

观测节点作为接收者和控制者,被授权处理网络的事件消息和数据,可向传感器网络发布查询请求或派发任务,面向网外作为中继和网关完成传感器网络与外部网络间信令和数据的转换,是连接传感器网络与其他网络的桥梁。

2. 无线传感器网络物理体系结构

大量微型传感器节点部署在监测区域中用于数据采集，每个节点的计算能力、通信距离和能量供应相当。节点采集的数据通过多跳通信的方式，借助网络内其他节点的转发，将数据传回到汇聚节点，再通过汇聚节点与其他网络连接，实现远程访问和网络查询、管理。在应用中基于 IPv6 无线传感器网络一般采用异构节点组成的、层次化的网络，如图 5-15 所示。

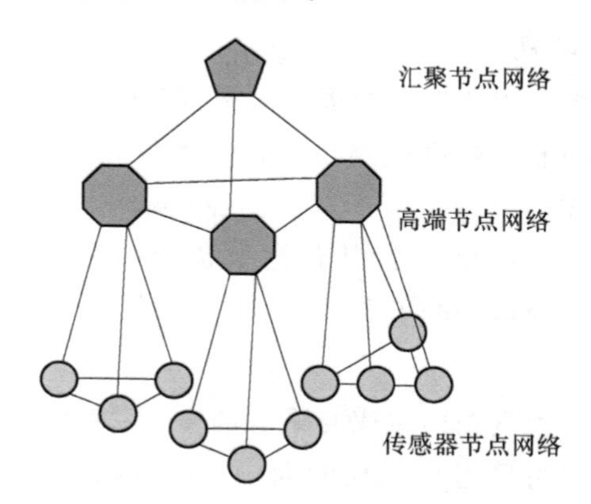

图 5-15　异构、层次化结构的无线传感器网络

3. 无线传感器网络通信协议栈体系结构

无线传感器网络通信体系采用五层协议（应用层、传输层、网络层、数据链路层、物理层），如图 5-16 所示。

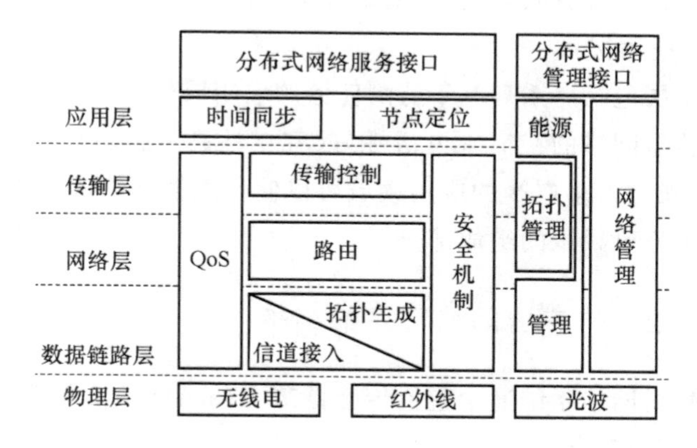

图 5-16　无线传感器网络通信体系结构

网络管理面则可以划分为能耗管理面、拓扑管理面以及任务管

理面，这些管理使得传感器节点能够按照能源高效的方式协同工作，在节点移动的传感器网络中转发数据，并支持多任务和资源共享。

(1) 物理层

物理层提供信号调制和无线收发技术，传输介质可以是无线（射频、微波）、红外或者无线光介质。无线传感器网络主要使用无线传输。

(2) 数据链路层

数据链路层负责数据流的多路复用、数据成帧、数据帧检测、媒体接入和差错控制。数据链路层保证了无线传感器网络内点到点和点到多点的连接。

媒体访问控制（MAC）层协议主要负责网络结构的组建，为传感器节点有效合理地分配资源。

(3) 网络层

网络层主要负责路由生成与路由选择，无线传感器网络的路由算法在设计时要特别考虑能耗的问题。以数据为中心的特点要求传感器网络能够脱离传统网络的寻址过程，快速有效地组织起各个节点的信息并融合提取出有用信息。

(4) 传输层

传输层负责数据流的传输控制，无线传感器网络的计算资源和存储资源都十分有限，数据传输量并不大。

(5) 应用层

应用层包括一系列基于监测任务的应用层软件。

传感器网络的特征有灵活性好、容错性高、密度高以及部署快速等，未来有许多广阔的应用领域可以使传感器网络成为人们生活中的一个不可缺少的组成部分。

5.2.2 传感器网络节点的结构

传感器网络系统通常包括传感器节点（sensor）、汇聚节点（sink node）和管理节点。

1. 传感器节点

传感器节点采用自组织方式进行组网以及利用无线通信技术

进行数据转发,传感器节点具有数据采集与数据融合转发功能。在传感器节点中,电源模块为节点提供能量,因为传感器节点的能量有限。在节点设计中,以低功耗、高精度为主要要求,采取一系列有效的措施来节省能量。

2. 汇聚节点

汇聚节点主要负责传感器网与外网(如 Internet)的连接,可看作网关节点。汇聚节点是 WSN 内部网络与管理节点的接口,可以连接传感器网络与 Internet 等外部网络,能够实现协议栈之间的通信协议转换,同时发布管理节点的监测任务,并把收集的数据转发到外部网络上。

3. 管理节点

用户通过管理节点对传感器网络进行配置和管理,发布监测任务以及收集监测数据。管理节点用于动态地管理整个无线传感器网络。传感器网络的所有者通过管理节点访问无线传感器网络的资源。

5.2.3 无线传感器网络的特点

无线传感器网络的特点如下。

1. 分布式、自组织性

无线传感网是由对等节点构成的网络,不存在中心控制,每个节点都具有路由功能,可以通过自我协调、自动布置而形成网络。

2. 健壮性

由于能量限制、环境干扰和人为破坏等因素的影响,传感器节点会损坏,大量节点之间可以协调互补,部分传感器节点的损坏不影响全局任务。

3. 可扩展性

当网络中增加新的无线传感器节点时,不需要其他外界条件,原有的无线传感器网络可以有效地容纳新增节点,使新增节点快速地融入网络,参与全局工作。

4. 动态拓扑

无线传感器网络是一个动态的网络,网络内的节点可能会因为能量耗尽或故障退出网络;可能有新增的节点融入网络,这些都会使网络的拓扑结构随时发生变化。

5. 应用相关

无线传感器网络用来感知客观物理世界，获取物理世界信息。不同的传感器网络测量不同的物理量，不同的应用背景有不同的节点硬件平台、软件系统和网络协议。

6. 规模大

为了提高网络的可靠性，通常在目标区域内部署大量传感器节点，传感器网络的大规模性可以提高监测的准确性。

7. 高冗余

节点的大规模部署使得无线传感器网络通常具有较高的节点冗余，系统具有很强的容错能力。

8. 空间位置寻址

用户往往不关心数据采集于哪一个节点，而关心数据所属的空间位置，因此可采取空间位置寻址方式。

5.2.4 无线传感器网络的应用

传感器节点可连续不断地进行数据采集、事件检测、事件标识、位置监测和节点控制，能够广泛地应用于环境监测和预报、健康护理、智能家居、建筑物状态监控、复杂机械监控、城市交通、空间探索、大型车间、仓库管理、机场、大型工业园区的安全监测等领域。

1. 在生态环境监测和预报中的应用

无线传感器网络可用于监测农作物温度与湿度、灌溉情况、土壤空气情况、家畜和家禽的环境和迁移状况、无线土壤生态学、气象和地理、洪水等。可通过传感器来监测降雨量、河水水位和土壤水分，并预测山洪暴发、泥石流等地质灾害。

在环境科学方面，通过将大量传感器散布于森林中，为森林火灾分布的判定提供最快最准确的信息；传感器网络能提供遭受化学污染的分布并测定化学污染源；判定降雨分布情况，为防洪抗旱提供准确信息；实时监测空气污染、水污染以及土壤污染；监测海洋、大气和土壤的成分随时间变化的情况。

2. 在交通管理中的应用

在交通管理中，利用安装在道路两侧的无线传感器网络系统，可以实时监测路面状况、积水状况以及公路的噪音、粉尘、气体等参数。

3. 在医疗系统和健康护理中的应用

通过无线传感网技术连续监测人体生理指征并做预警响应，可大大地提高医疗的质量和效率。通过可穿戴设备，医生可以随时了解病人的病情，在发现异常情况时能够迅速抢救病人。健康住宅通过各种穿戴设备测量居住者的重要身体征兆（血压、脉搏和呼吸）和睡觉姿势等健康指数，监护老人、重病患者以及残疾人的家庭生活。利用传感器网络可高效地传递必要的信息，从而方便病人接受护理，而且可以减轻护理人员的负担，提高护理质量。

4. 在智能家居中的应用

基于无线传感器网络的智能家居为家庭内、外部网络的连接及内部网络之间信息家电和设备的连接提供了一个基础平台。

在家电中嵌入传感器节点，使其通过无线网络与互联网连接在一起，为人们提供更加舒适、方便和人性化的智能家居环境。

无线传感器网络可监测室内环境参数、家电设备运行状态等信息并告知住户，使住户能够及时地了解家居内部情况，并对家电设备进行远程监控，住户可以随时随地地监控家中的水表、电表、煤气表、电热水器、空调、电饭煲，以及安防系统、煤气泄漏报警系统、外人侵入预警系统等，并且住户可以设置命令，对家电设备进行远程控制。

5.3 应用服务技术与云计算技术

应用和服务是推动物联网发展的驱动力，最终实现物联网的价值。互联网是一个以数据为中心的网络。物联网的应用服务是建立在真实世界的数据采集之上的，产生的数据量级远大于互联网。

物联网在应用中，应用业务平台会汇聚海量的大数据，故需要对数据进行完整存储管理。根据物联网应用服务，需对原始数据进行建模、挖掘，以得到所需的信息。

5.3.1 海量数据挖掘与知识发现

数据挖掘在人工智能领域称为数据库中的知识发现(Knowledge Discovery in Database, KDD),数据挖掘是从大量的、不完整的、有杂音的、不清晰的随机数据中提取隐含在其中的、潜在的、有意义的数据信息和知识的过程。物联网通过部署各种传感器将海量的数据信息返回到物联网应用系统的存储系统中,物联网应用系统的数据引擎对这些海量数据进行挖掘、建模,得到物联网应用系统前台所需要的信息。

知识发现是一种更为泛而广的概念,即从各种纷繁复杂的信息源中识别出有效的、新颖的、潜在有用的以及最终可理解的知识的探求过程。知识发现将信息变为知识,从数据中找到蕴藏的知识。相对于数据挖掘,知识发现还包括了接收原始数据输入,选择重要的数据项,缩减、预处理和压缩数据组,进行数据清洗,将数据转换成适合的格式。

物联网应用系统中涉及的数据类型没有统一的规范,分布在多个子系统中,并分布在不同的物理节点上,甚至由不同类型的网络承载。物联网应用系统中有一部分是对新知识的发现,需要运用数据挖掘和知识发现技术来对其进行保障。

1. 数据挖掘的关键技术

传统意义上的数据挖掘过程有数据抽取、数据存储和管理、数据展现、建立业务模型。

(1) 数据抽取

数据抽取是数据进入数据存储的入口,物联网通过各种传感器感知环境、物体的各种参数数据,实现数据抽取。

(2) 数据展现

存储的数据信息可以被查询、报表、可视化、统计。

查询:实现预定义查询、动态查询、多维分析 OLAP 查询。

报表:产生关系数据表格、OLAP 表格以及各种综合性表格。

可视化:用容易被理解的点线图、直方图、饼图以及网状图来描述。

统计:进行均值、期望、方差、最大值、最小值、排序等统计分析。

（3）建立业务模型

数据挖掘技术经常用到统计学中的一些模型进行业务模型的建立，在使用统计学模型的基础之上，数据挖掘得到了更适合它的神经网络法和Web数据挖掘法。

神经网络法：神经网络是一种仿真人脑思考的数据分析方式。神经网络作为一种人工智能技术，因其自行处理、分布存储和高度容错等特性非常适合处理非线性的且带有相当程度的变量交感效应以及那些以模糊、不完整、不严密的知识或数据为特征的问题，神经网络法的此特点适合解决数据挖掘的问题。

Web数据挖掘法：Web数据挖掘是一项综合性技术，是Web从文档结构和使用的集合C中发现隐含的模式P，如果将C看作输入，将P看作输出，那么Web挖掘过程就可以看作从输入到输出的一个映射过程。

2. 知识发现的关键技术

知识发现技术是数据挖掘的更广泛形式。知识发现过程包括如下几部分。

① 问题的理解和定义：数据挖掘人员与领域专家合作，对问题进行更深层次的分析，以确定问题的解决途径和对学习结果的评测方法。

② 相关数据收集和提取：根据问题的定义，收集有关的数据并在数据提取过程中，利用数据库的查询功能加快数据的提取速度。

③ 数据探索和清理：了解数据库中字段的含义及其与其他字段的关系，对提取出的数据进行合法性检查并清理含有错误的数据。

④ 数据工程：对数据进行再加工，主要包括选择相关的属性子集并剔除冗余属性，根据知识发现任务对数据进行采样，以减少学习量。

⑤ 算法选择：根据所要解决的问题选择合适的数据挖掘算法，并决定如何在这些数据上使用该算法。

⑥ 运行数据挖掘算法：根据选定的数据挖掘算法对经过处理的数据进行模式提取。

3. 海量数据挖掘技术

对物联网应用系统进行扩容的时候，需要融合相似的应用系统,新建设的物联网系统需将之前已安装的分散系统接入进来,这就面临分布式数据的问题。集成这些不同数据源所需的成本对新合并的系统来说是一项非常大的开销,这需要通过海量数据挖掘技术来解决。

4. 数据挖掘的算法

国际学术组织 ICDM(The IEEE International Conference on Data Mining)2006 年 12 月评选出了数据挖掘领域的十大经典算法:C4.5、*k*-means、SVM、Apriori、EM、PageRank、AdaBoost、*k*NN、Naive Bayes、CART。

(1) C4.5 算法

C4.5 算法是机器学习算法中的一种分类决策树算法,其核心算法是 ID3 算法。C4.5 算法继承了 ID3 算法的优点并对其进行了改进。C4.5 算法的优点有:产生的分类规则易于理解,准确率较高。其缺点是:在构造树的过程中,需要对数据集进行多次的顺序扫描和排序,因而导致算法低效。

(2) *k*-means 算法

k-means 算法是一个聚类算法,把 n 个对象根据它们的属性分为 k 个分割,$k<n$,试图找到数据中自然聚类的中心,假设对象属性来自空间向量,目标是使各个群组内部的均方误差总和最小。

(3) 支持向量机

支持向量机(Support Vector Machines,SVM)是一种监督式学习方法,广泛应用于统计分类以及回归分析中。支持向量机将向量映射到一个更高维的空间里,在这个空间里建有一个最大间隔超平面。在分开数据的超平面的两边建有两个互相平行的超平面。分隔超平面使两个平行超平面的距离最大化。平行超平面间的距离或差距越大,分类器的总误差就越小。

(4) Apriori 算法

Apriori 算法是一种有影响的挖掘布尔关联规则频繁项集的算法。其核心基于两阶段频集思想的递推算法。该关联规则在分类上属于单维、单层、布尔关联规则。所有支持度大于最小支持度的项集称为频繁项集(简称“频集”)。

(5) 最大期望算法

在统计计算中,最大期望(Expectation Maximization,EM)算法是在概率(probabilistic)模型中寻找参数最大似然估计算法,其中概率模型依赖于无法观测的隐藏变量(latent variable)。最大期望经常用在机器学习和计算机视觉的数据集聚(data clustering)领域。

(6) PageRank

PageRank 根据网站的外部链接和内部链接的数量和质量衡量网站的价值。PageRank 背后的概念是,每个到页面的链接都是对该页面的一次投票,被链接得越多,就意味着被其他网站投票越多。这个就是所谓的“链接流行度”——衡量多少人愿意将他们的网站和你的网站挂钩。PageRank 这个概念引自论文被引述的频度——被别人引述的次数越多,一般判断这篇论文的权威性就越高。

(7) AdaBoost

AdaBoost 是一种迭代算法,其核心思想是针对同一个训练集训练不同的分类器(弱分类器),然后把这些弱分类器集合起来,构成一个更强的最终分类器 (强分类器)。

(8) *k*NN 算法

k 最近邻(*k*-Nearest Neighbor,KNN)分类算法的思路是:如果一个样本在特征空间中的 *k* 个最相似(即特征空间中最邻近)的样本中的大多数属于某一个类别,则该样本也属于这个类别。

(9) Naive Bayes

应用最广泛的两种分类模型是决策树模型(decision tree model)和朴素贝叶斯模型(Naive Bayesian Model,NBM)。

(10) CART

CART(Classification and Regression Tree,分类与回归树)有两个关键的思想:关于递归地划分自变量空间的想法;用验证数据进行剪枝。

5.3.2 云计算技术

1. 云计算的概念

云计算是基于互联网的计算方式,可以通过这种方式共享软硬件资源和信息,给用户按需提供服务。云计算描述了基于互联网的

IT服务、使用和交付模式，通常涉及通过互联网来提供动态易扩展而且经常虚拟化的资源，按需供给灵活使用的服务模式。

狭义的云是指IT基础设施的交付和使用模式，通过网络以按需、易扩展的方式获得所需要的资源。提供资源的网络称为云，云中的资源在使用者看来是可以无限扩展的并且是可以随时获取的，按需使用，按使用缴费。

广义的云是指厂商通过建立网络服务器集群，向客户提供在线软件服务、硬件租赁、数据存储、计算分析等不同类型的服务。广义的云计算包括了更多的厂商和服务类型。

有了云计算，网络就是计算机，所有的操作都可以在网络上完成。云计算的特征：提供资源、平台和应用专业服务，使用户摆脱对具体设备的依赖，专注于创造和体验业务价值；资源聚集与集中管理，实现规模效应与可控质量保障；按需扩展与弹性租赁，降低信息化成本。

2. 云计算技术的发展

20世纪90年代网格计算思想考虑充分利用空闲的CPU资源，搭建平行分布式计算。云计算是网格计算、分布式计算、并行计算、效用计算、网络存储、虚拟化、负载均衡等计算机与网络技术发展融合的产物，利用这样的计算能力，在其上可构建稳定而快速的存储以及其他服务，在Web 2.0的引导下，只要有一些有趣而新颖的想法，就能够基于云计算快速地搭建Web应用。

3. 云计算的3种服务层次

按技术特点和应用形式云计算技术分为3个层次，如图5-17所示。

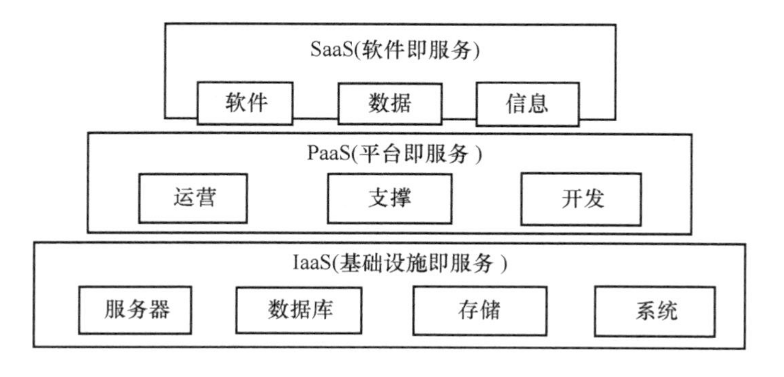

图5-17　云计算服务模型

(1) 基础设施即服务

基础设施即服务(Infrastructure as a Service,IaaS):以服务的形式来提供计算资源、存储、网络等基础 IT 架构。通常用户根据自身的需求通过自助订购的方式来购买所需的虚拟 IT 资源,并通过 Web 界面、Web Service 等方式对虚拟的 IT 资源进行配置、监控和管理。IaaS 除了提供虚拟 IT 资源外,还在云架构内部实现了负载平衡、错误监控与恢复、灾难备份等保障性功能。

IaaS 有 3 种用法:公有云、私有云和混合云。Amazon EC2 在基础设施云中使用公有服务器池(公有云);更加私有化的服务会使用企业内部数据中心的一组公有或私有服务器池(私有云)。如果在企业数据中心环境中开发软件,那么这两种类型公有云、私有云、混合云都能使用,如开发和测试,结合使用两者可以更快地开发应用程序和服务,缩短开发和测试周期。

IaaS 的最大优势在于它允许用户动态申请或释放节点,按使用量计费。运行 IaaS 的服务器规模大,用户可以认为能够申请的资源是无限多的。亚马逊公司是较大的 IaaS 供应商,其弹性云(EC2)允许订购者运行云应用程序。

(2) 平台即服务

平台即服务:把开发环境作为一种服务来提供,是分布式平台服务,厂商提供开发环境、服务器平台、硬件资源等服务给用户,用户在这种平台的基础上定制开发自己的应用程序,并可以通过这里的服务器和网络将其传递给其他用户。

(3) 软件即服务

软件即服务:提供应用软件等软件资源的"云"服务,是一种通过 Internet 提供软件的模式,用户不需要购买软件,而是向提供商租用基于 Web 的软件。相对于传统的软件,SaaS 解决方案的优势是较低的前期成本,便于维护且可以快速地展开使用。云计算里的 SaaS 通过标准的网络浏览器提供应用软件,如通用的办公室桌面办公软件及其相关的数据并非在用户的个人计算机里面,而是储存在其他地方的主机里,可以使用浏览器通过网络来获得这些软件和数据。对于小型企业来说,SaaS 是采用先进技术的好途径。

4. 云计算的技术层次

云计算的技术层次主要从系统属性和设计思想角度来说明,是对软硬件资源在云计算技术中所充当角色的说明，从云计算技术角度来分，云计算由 4 部分构成：物理资源、虚拟化资源、服务管理中间件和服务接口，如图 5-18 所示。

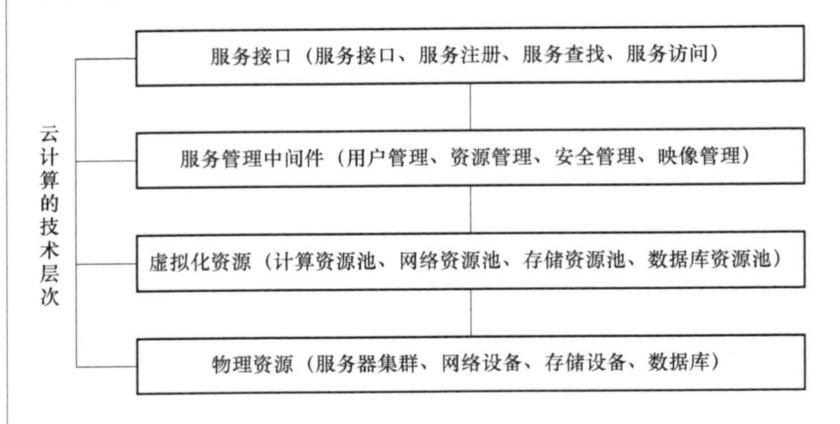

图 5-18　云计算的技术层次

① 服务接口：统一规范了云计算使用计算机的各种规则、各种标准等，是用户端与云端相互交互操作的入口，完成用户或服务注册。

② 服务管理中间件：在云计算技术中，中间件位于服务和服务器集群之间，是提供管理和服务的管理系统，对标识、认证、授权、目录、安全性等服务进行标准化和操作，为应用系统提供统一的标准化程序接口和协议，隐藏底层硬件、操作系统和网络的异构性，统一管理网络资源。用户管理包括用户身份验证、用户许可、用户定制等；资源管理包括负载均衡、资源监控、故障检测等；安全管理包括身份验证、访问授权、安全审计、综合防护等；映像管理包括映像创建、部署等。

③ 虚拟化资源：指可以实现某种操作且具有一定功能，但其本身是虚拟的而不是真实的资源，如计算池、存储池、网络池、数据资料库等。通过软件来实现的相关虚拟化功能包括虚拟环境、虚拟系统以及虚拟平台等。

④ 物理资源：指可以支持计算机正常运行的一些硬件设备及技术，这些设备可以是客户机、服务器及各种磁盘阵列等，其通过网络技术和并行技术、分布式技术等将分散的计算机组成一个具有超

强功能的、用于计算和存储的集群。本地计算机不再需要足够大的硬盘、大功率的CPU和大容量的内存，只需一些必要的硬件设备及基本的输入输出设备等。

5. 云计算的优点及其存在的问题

在云计算平台上部署应用或使用SaaS相对于传统的应用部署方式和购买软件的方式，云计算的优点如下。

（1）降低成本

云计算降低了IT基础设施的建设维护成本，应用建构、运营基于云端的IT资源；通过订购在线的SaaS来降低软件的购买成本；通过虚拟化技术提高现有的IT基础设施的利用率；通过动态电源管理等手段，节省数据中心的能耗。

（2）配置灵活

由于其技术设计的特点，云可以提供灵活的资源。云计算能够动态和柔性地分配资源给用户，而不需要额外的硬件和软件，当需求扩大时，用户能够缩减过渡时间，快速扩张；当需求缩小时，能够避免设备的闲置。用户可以在需要时快速部署使用云服务，将更多的服务器分配给需要的工作；在不需要时云可以取消。

（3）速度更快

在速度方面，云计算有潜力让程序员使用免费或者价格低廉的开发制作软件服务，并让其快速面世。这种功能能让企业更加敏捷，反应速度更快，对于需要大量IT设备的应用，云可以显著地降低采购、交付和安装服务的时间。

（4）潜在的高可靠性、高安全性

在云的另一端，有专业的团队来管理信息，有先进的数据中心来保存数据。同时，严格的权限管理策略可以帮助用户放心地与所制定的目标进行数据共享。通过集中式的管理和先进的可靠性保障技术，云计算的可靠性和安全性系数较高。

云计算存在的问题有：企业将应用从传统开发、部署、维护模式转换到基于云计算平台的模式时有转移成本；将数据存储到第三方空间，存在隐私和数据安全问题。

6. 物联网与云计算

物联网规模发展到一定程度之后，就要与云计算结合，物联网与云计算的结合有以下层次。

① 利用IT虚拟化技术，为物联网提供后端支撑平台，以提高物理世界的运行、管理和资源的使用效率等，为物联网的应用提供支撑。

② 整合云计算应用支撑平台，促进软件即服务、平台即服务、基础设施即服务等模式与物联网结合的创新发展。

③ 物联网、互联网的各种业务与应用在一个云中进行集成，实现物联网与互联网中的设备、信息、应用和人的交互与整合，形成一个有效的业务生态系统。

云计算将应用推向云端，将用户和数据中心进行位置解耦，对于SaaS的商业模式，云服务容易获得且易于拉伸。这些特点与物联网结合将会出现新的应用模式。

5.3.3 物联网云平台技术

1. 物联网云平台概述

物联网云平台是将具有计算、通信和信息感知能力的设备嵌入物品中，然后按照约定的协议来把物品与互联网连接起来，进行信息交换和通信，以实现智能化识别、定位、跟踪、监控和管理的一种网络。在物联网中有大量的传感设备，这些传感设备时刻都在收集、传输和交换数据，因此，物联网具有海量的数据，需要一个强大的存储平台来满足应用需求。物联网在物物相连的基础上通过物与物之间的互联交互为用户提供智能化服务。云平台的组成与作用如图5-19所示。

物联网云计算平台将不同的计算资源和服务统一进行管理，隐藏了复杂的软硬件配置、扩展、升级以及故障修复等，使用户从软件、中间件和应用软件的层层应用中直接转向定制服务，提供通用的、集成的、便捷的、使用所有计算资源的手段和人机交互接口，让用户通过无所不在的网络方便高效地获取服务和进行信息处理，还可以根据需求的变化，自动地对计算资源进行分配和调度。物联网云计算为用户提供计算资源服务和存储服务。

2. 物联网云平台的主要功能

物联网云平台处在物联网软硬结合的位置，管理底层硬件并赋予上层应用服务，物联网云平台的功能主要包括如下几方面。

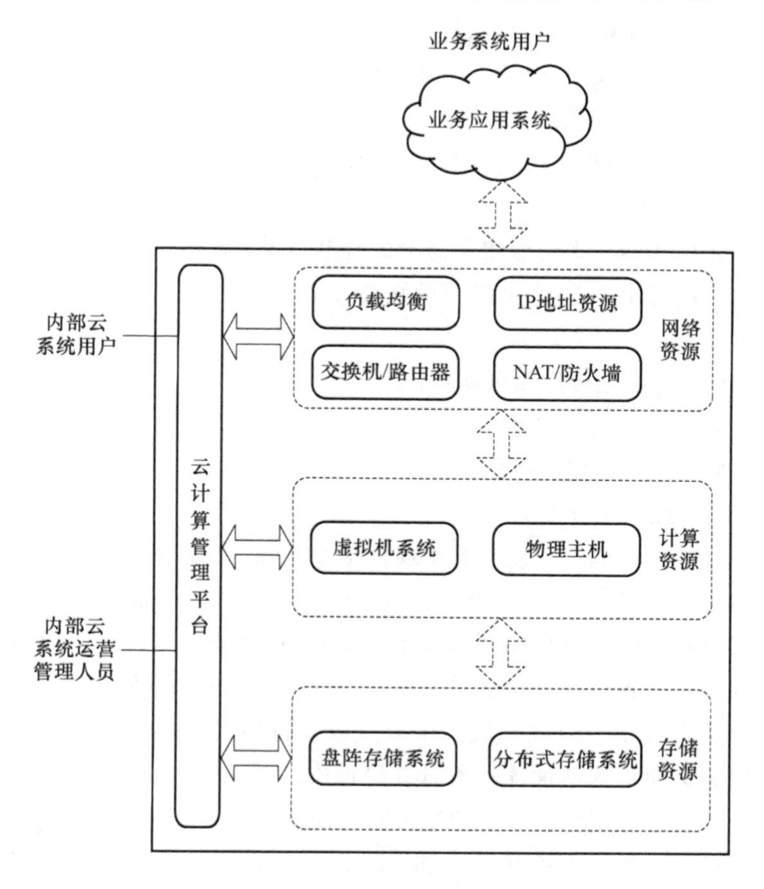

图 5-19　云平台的组成与作用

（1）连接硬件设备

物联网中的感知层由无数的传感器组成。这些传感器产生海量的数据并通过网络传输到云平台，云平台则对这些数据进行分析和处理。云平台连接硬件设备，还能根据数据分析的结果对硬件设备发出指令，控制其相应的活动。

（2）处理不同的通信标准/协议

接入物联网的硬件和软件平台、通信标准/协议千差万别，云平台需要能灵活地处理各种通信标准/协议，使得在云平台上各种设备传输而来的数据按照统一的标准进行处理。

(3) 为设备和用户提供安全服务和身份认证

接入物联网云平台的设备和使用物联网云平台的物联网用户必须是经过授权的、合法的。物联网云平台会对请求接入的设备进行身份认证,认证成功即可接入物联网云平台,这种认证方式是加密进行的,以防止不法用户和设备窃取云平台的数据和信息。

(4) 收集分析数据

在物联网云平台收集了海量的物联网数据以后,其通过分析这些数据挖掘出数据后面隐藏的更深层的意义,为用户的决策提供依据。

(5) 与其他应用服务融合

云平台可以与多种应用服务融合。

3. 云平台的关键技术

(1) 虚拟化技术

云平台在虚拟化技术上实现包括服务器、存储、网络、应用等在内的全系统虚拟化,并进行统一管理、调配和监控。服务器虚拟化对服务器资源进行快速划分和动态部署;存储虚拟化将存储资源集中到一个大容量的资源池并实行单点统一管理;网络虚拟化通过将一个物理网络节点虚拟成多个节点以及将多台交换机整合成一台虚拟的交换机来增加连接数量并降低网络复杂度;应用虚拟化通过将资源动态分配到最需要的地方来帮助改进服务交付能力。

云平台运用虚拟化技术将 IT 系统的不同层面硬件、软件、数据、网络、存储等一一分开,打破数据中心、服务器、存储、网络、数据和应用中的物理障碍,将大量的计算资源组成统一的 IT 资源池,以实现架构动态化、集中管理和跨系统的资源调度,在提高系统整体的弹性和灵活性的同时降低管理成本和风险。

(2) 弹性伸缩和动态调配

物联网云平台根据需求的变化,对计算资源自动地进行分配和管理,实现弹性缩放和优化使用。云平台的规模可以动态伸缩,以满足服务和用户规模变化的需要。

(3) 高效、可靠的数据传输交换和事件处理

保证大型分布式系统稳定正常运行的关键是高效、快速和准确的信息传输交换机制,高效、可靠的数据传输交换和事件处理系统

在设计中将多种协议的优势结合,有效地控制了分布在网络上的众多组件之间的数据流向。

(4) 海量数据的存储、处理和访问

跨平台共享、高可靠、可平滑扩展、使用和维护简单的分布式海量数据存储系统是解决服务运营过程中收集和产生的大量实时数据以及长期积累的海量历史数据的存储和处理的有效手段。

(5) 智能化管理监控和即插即用的部署应用

智能化管理监控系统将结合事件驱动及协同合作机制,实现对大规模计算机集群进行自动化智能的管理;负责对所有服务器上运行的软件服务进行自动部署、自动升级、可视化管理和实时状态监控,根据环境和需求的变化或异常进行动态调控和自动迁移,实现自动化即插即用管理。

(6) 并行计算框架

通过具有大规模的服务器集群的云平台,设计完整的网格计算框架,可以保证不同节点及单个节点不同进程间的协同工作能力,实现高可靠、高性能的强大数据处理和计算分析能力。

(7) 按需计费

云平台中的所有计算资源都是通用的、可共享的。用户仅需要按实际 IT 资源使用量为所用的服务付费。

4. 云平台的优势

云平台具有下面几个优势。

(1) 接入门槛低

在技术上,第三方开发者可以方便快速地接入云平台。无须关心复杂的基础架构,以便用户将精力集中于服务,提供更好的产品。

(2) 可靠性高

云平台实现了完备的容灾策略,在多地建立多个机房,实现多个运营商接入,保证用户可以随时随地地获取服务。数据多地备份、加密处理,保证了数据的安全存储;同时还防范了各种非法攻击。

(3) 降低用户成本

对于用户,接入物联网云平台,可以省去自己租赁服务器、开发相关的软件等巨额开销,同时也会降低后期维护、更新平台的费用。

用户可以专注于产品细节，提高产品的竞争力。

(4) 通用性好

云平台不针对特定的应用，在云平台的支撑下可以构造出千变万化的应用，同一云平台可以同时支撑不同的应用运行，为不同的应用服务的融合提供了便利条件。

5.3.4 服务支撑技术

1. Web 服务技术

Web 服务技术是用来解决跨网络应用集成问题的开发模式，为实现软件即服务提供了技术保障。Web 服务是一个用以支持网络间不同机器的互动操作模式的软件系统，通过网络的远程服务器端，执行客户所提的服务请求，包括简单对象访问协议(SOAP)、网络服务描述语言(WSDL)、通用描述、发现与集成服务(UDDI)功能。SOAP 用来描述传递信息的格式，WSDL 用来描述如何访问具体的接口，UDDI 用来管理、分发、查询 Web Service。

Web 服务是一组工具，可以由多种不同的方法来调用，如远程过程调用(RPC)、面向服务架构(SOA)以及表述性状态转移(REST)。

① 远程过程调用：采用客户机/服务器模式，请求程序是一个客户机，服务器提供程序服务，客户机调用进程发送一个有进程参数的调用信息到服务进程，然后等待应答信息。在服务器端，进程保持睡眠状态直到调用信息到达为止。当一个调用信息到达时，服务器获得进程参数，计算结果，发送答复信息，然后等待下一个调用信息，最后，客户端调用进程接收答复信息，获得进程结果，然后调用执行继续进行。

② 面向服务架构：根据需求通过网络对松散耦合的粗粒度应用组件进行分布式部署、组合和使用。服务层是 SOA 的基础，可以直接被应用调用，从而有效控制系统中与软件代理交互的人为依赖性。SOA 方式更加关注如何去连接服务，而不是去实现某个特定的细节。

③ 表述性状态转移：REST 是一种针对网络应用的设计和开发方式，可以降低开发的复杂性，提高系统的可伸缩性。此种 Web

服务关注那些稳定的资源的互动，而不是消息或动作。此种服务可以通过 WSDL 来描述 SOAP 的消息内容，通过 HTTP 限定动作接口或者完全在 SOAP 中对动作进行抽象。

2. M2M 管理平台

M2M 的重点在于机器对机器的无线通信，存在 3 种方式：机器对机器、机器对移动电话、移动电话对机器。未来用于人对人通信的终端可能仅占整个终端市场的 1/3，更多的是机器对机器的通信终端。

M2M 是无线通信和信息技术的整合，可用于远距离收集信息、设置参数和发送指令，有不同的应用方案，如安全监测、自动售货机、货物跟踪等。

M2M 应用通信协议是为实现 M2M 业务中 M2M 终端设备与 M2M 平台之间、M2M 平台与 M2M 应用间的数据通信过程而设计的应用层协议。YD/T 2399—2012《M2M 应用通信协议技术要求》规定了 M2M 业务系统中端到端的通信协议，适用于 M2M 业务系统。

3. WMMP

WMMP(Wireless M2M Protocol)是中国移动为规范物联网终端与 M2M 平台间的数据通信、实现 M2M 平台对物联网终端的统一管理而制定的规范。

WMMP 的核心是其可扩展的协议栈及报文结构，在其外层是由 WMMP 核心衍生的接入方式无关的通信机制和安全机制。在此基础上，由内向外依次为 WMMP 的 M2M 终端管理功能和 WMMP 的 M2M 应用扩展功能。

WMMP 支持以下两种连接方式。

① 基于 HTTP 的标准 Web Service 方式：应用系统和 M2M 平台采用 WSDL 来对接口进行描述。要求通信双方作为 Web Service 服务端时，应实现 HTTP 会话的超时机制且会话维持的时间要求可配置。

② 长连接：在一个过程中可以连续发送多个数据包，如果没有数据包发送，需要行业终端发送心跳包以维持此连接。

5.3.5 大数据技术

1. 大数据的概念

大数据(big data/mega data)是指超大的、几乎不能用现有的数据库管理技术和工具处理的数据集。大数据描述了一种新的技术与构架,从各种超大规模的数据和多样化的信息资产中提取价值。国际数据公司(IDC)在2012年英特尔大数据论坛上提出了较为权威的大数据定义,大数据有如下特征。

① Volume:数据量巨大,大数据的数据量已从太字节级别跃升到拍字节级别。

② Variety:数据种类繁多,来源广泛且格式日渐丰富,涵盖了结构化、半结构化和非结构化数据。

③ Value:数据价值密度低。以视频为例,在连续不间断的监控过程中,可能有用的数据仅有一两秒。

④ Velocity:处理速度快,有"1秒定律"之称,不论数据量有多大,都能做到数据的实时处理。这一点也是和传统的数据挖掘技术有着本质的不同。

2. 大数据与物联网

物联网连接了客观世界,并采集大量的数据,云计算和大数据都是对内容数据的进一步处理。

(1) 物联网对大数据的需求

物联网分感知层、网络层和应用层3层。感知层包括RFID、各类传感器、摄像头、GPS、智能终端、传感网络等,用于识别物体和采集信息;网络层包括各种通信网络,形成所需的网络模块、信息中心和智能处理中心等,它将感知层获取的信息进行传递和处理;应用层主要是将物联网技术与行业专业领域技术相结合,实现广泛智能化应用的解决方案。物联网对大数据的需求如下。

① 物联网实体的扩大化:搭建物联网应用需要各种传感器,这些传感器不停地感知周围的环境数据,数据量随时间而增加,这些大规模数据需要大数据处理技术来提供存储、分析和支持,以便从大量的数据量中提取出重要的信息并实时做出决策。

② 网络层需求:物联网传输网络是物联网数据传输的通道,通

过有线、无线方式将传感器终端检测到的数据上传到管理平台,并把管理平台的数据传递到各个扩展功能的节点。由于数据量规模大,所以需要有相应的大数据传输技术为应用层提供足够的高可靠性与低时延的数据传输的承载能力。

(2) 大数据处理技术在物联网中的应用

通过数据可视化、数据挖掘、数据分析以及数据管理等手段可以推动物联网产业在数据智能处理及信息决策上的商业应用,大数据处理技术在物联网中的应用有:海量数据存储,对物联网产生的大数据进行存储,通常采用分布式集群来实现;数据分析,物联网数据分析包括物联网后台的海量数据的统计分析、数据挖掘、模型预测以及结果呈现等。

3. 大数据的相关技术

大数据的相关技术主要有基础构架、数据处理、统计分析、数据挖掘、机器学习等,下面以 Hadoop 分布式计算框架、SAP HANA 内存计算系统的相关算法为例进行说明。

(1) Hadoop 分布式计算框架

Hadoop 是一个由 Apache 基金会所开发的分布式系统基础架构,是一个开源的分布式框架。用户可以在不了解分布式底层细节的情况下,开发分布式程序,充分利用集群的威力进行高速运算和存储。Hadoop 框架最核心的设计就是:HDFS、Hadoop Common、Hadoop MapReduce、Avro、ZooKeeper、Hive、Pig 和 HBase 等为海量的数据提供了存储,MapReduce 为海量的数据提供了计算。

HDFS 为 Hadoop 的分布式存储系统,是一个高度容错的系统,能检测和应对硬件故障,用于在低成本硬件上的运行。HDFS 适用于大规模的数据集。

Hadoop Common 为 Hadoop 的其他项目提供了一些常用的工具,主要包括系统配置文件、序列化机制、远程过程调用 RPC 和 Hadoop 抽象文件系统 HDFS 等,为在通用硬件上搭建云计算环境提供了基本的服务。

MapReduce 是一个并行编程模型,基于它编写的应用程序能够运行在由大量服务器组成的大型集群上,并可以一种非常可靠的容错方式并行处理太字节级别的数据集。

Hive是建立在Hadoop上的数据仓库基础构架。Hive提供了一系列的工具，可以用来进行数据的提取、转化、加载（ETL），Hive是一种可以存储、查询和分析存储在Hadoop中的大规模数据的机制。Hive定义了简单的类SQL查询语言HQL，允许熟悉SQL的用户查询数据。

Pig是对大数据集进行分析和评估的平台，Pig简化了使用Hadoop进行数据分析的要求，提供了一个高层次、面向领域的抽象语言Pig Latin，将复杂且相互关联的数据分析任务编码成脚本程序。

（2）SAP HANA内存计算系统

SAP提出了使用内存计算技术解决高效数据管理与分析的思路，解决了数据量的剧增对实时数据分析的要求，并实现了内存数据管理系统HANA。HANA是一个软硬件结合体，提供高性能的数据查询功能，用户可以直接对大量实时业务数据进行查询和分析，而不需要对业务数据进行建模、聚合等。

HANA内存计算架构底层由SAP Net Weaver技术集成平台与商业套件提供支持，提供实时数据处理与商业业务服务，并提供数据计算引擎以及数据存储构建的数据库，在上层提供数据查询服务接口及商业工具。

在对大型数据集进行处理时，SAP HANA采用动态聚集的内存查询技术，数据操作完全在内存中，不需要任何索引来优化性能，任何计算都会在内存中完成，并可以根据用户的需求实时提供聚集结果。

SAP HANA运行于多个服务器集群，通过对大型数据表进行分区来将数据放在多个服务器中，这样每个执行过程都以并行的方式处理数据集中的一个子集，从而实现高效的数据实时分析。

大数据和人工智能的深度融合将成为人工智能发展的重要驱动力，大数据算法越来越智能化，深度学习将更为普及，大数据促进智慧生活和智慧城市的发展，工业大数据成为工业互联网发展的重要引擎。

5.4 安全管理技术

物联网是建立在互联网基础上的新型网络，随着物联网的快速发展，其安全问题也越来越突出，物联网安全问题是物联网大规模应用的前提。

物联网技术具有可跟踪性、可监控性的特点。物联网安全问题主要体现在感知节点的安全问题和网络的安全问题。

无线传感网通常将大量传感器节点投放在恶劣的环境下，感知节点不仅仅数目庞大，而且分布的范围也很广，攻击者可以接触这些设备并进行破坏或更换。如果传感器节点少，则无法拥有复杂的安全保护能力。

物联网中节点的数目庞大，以集群方式存在，自组网拓扑保持动态变化，邻近节点通信的关系不断地改变，节点加入或离开无须任何声明，故很难为节点建立信任关系。

物联网受到的网络攻击主要有：

① 对无线电波进行干扰，使得网络节点不能正常工作；

② 冒充正常节点发送数据包或者发送高优先级的数据包，达到阻拦物联网信息传输的目的；

③ 利用协议漏洞，通过持续通信达到耗尽节点能量的目的；

④ 篡改特定节点的数据包，使得物联网接收错误信息并作出错误判断。

在物联网的各个层次都有安全威胁。安全措施包括传感安全、网络安全和应用安全3个层面。

5.4.1 传感器安全机制

传感器是物联网的基本单元，主要是感知物体信息。传感网络比较脆弱，容易受到物理攻击、节点攻击、路由攻击等。

1. 物理攻击防护

建立无线传感网络，当感知攻击时，自动销毁、破坏一切数据和密钥。

2. 密钥管理

密码技术是确保数据完整性、机密性、真实性的安全服务技术。

3. 数据融合机制

安全数据融合的方案由融合、承诺、证实 3 个阶段组成。在融合阶段，传感器节点将收集到的数据送往融合节点，并通过指定的融合函数生成融合结果，融合结果的生成是在本地进行的，并且传感节点与融合节点共用一个密钥，这样可以检测融合节点收到数据的真实性；承诺阶段生成承诺标识，融合器提交数据且融合器将不再被改变；证实阶段通过交互式证明协议主服务器证实融合节点所提交融合结果的正确性。

4. 节点防护

节点的安全防护可分为内部节点之间的安全防护、节点外部安全防护以及消息安全防护。

5. 安全路由

路由运用到的安全技术主要有认证与加密技术、安全路由协议技术、入侵检测与防御技术和数据安全与隐私保护技术。

5.4.2 物联网应用层的安全机制

物联网应用层汇聚和接收物联网中的所有信息，进行数据挖掘和分析运算，实现物联网的智慧应用，所以建设物联网应用层安全防护体系至关重要。

物联网涉及众多平台、系统、中间件、应用软件、网络设备、安全设备，又融合了互联网、云计算、大数据、人工智能等技术，这样的应用系统集成度高，复杂性高，所以存在安全漏洞的概率大，常采用分布式部署。下面介绍物联网应用系统的安全防护体系。

基于生命周期的风险评估：从物联网应用系统生命周期的维度看，在系统规划、分析、设计、开发、建设、验收、运营和维护、废弃的每一个阶段都需要进行信息安全管理，在系统设计和分析阶段就要进行安全目标、安全体系、防护蓝图等顶层设计，并将安全防护设计与系统设计相融合；在系统开发、建设、验收、运营和维护、废弃等阶段都需要做好安全防护工作，以保障系统全生命周期的安全。

构建深度防御体系：从组织、技术、管理的维度看，需要构建多层次的深度防御体系，设计整体安全解决方案，以保障系统的安全。

还有要建立动态的风险评估机制，实施专项威胁防控，建设物联网应用系统的权限系统、数据备份容灾体系等。

5.4.3 物联网安全技术

1. 异常行为检测

异常行为检测对应的物联网安全需求为攻击检测和防御、日志和审计。异常行为检测的方法有：建立正常行为的基线，从而发现异常行为；对日志文件进行总结分析，发现异常行为。

2. 代码签名

代码签名对应的物联网安全需求有设备保护和资产管理、攻击检测和防御。通过代码签名可以保护设备不受攻击，保证所有运行的代码都是被授权的，保证恶意代码在一个正常代码被加载之后不会覆盖正常代码，保证代码在签名之后不会被篡改。

3. 空中下载技术

空中下载技术对应的物联网安全需求为设备保护和资产管理。空中下载(Over The Air，OTA)技术最初是运营商通过移动通信网络空中接口对 SIM 卡数据以及应用进行远程管理的技术，后来逐渐扩展到硬件升级、软件安全等方面。

4. 深度包检测技术

深度包检测(Deep Packet Inspection，DPI)技术对应的物联网安全需求有攻击检测和防御。深度包检测技术是基于应用层的流量检测和控制技术，当 IP 数据包、TCP 或 UDP 数据流通过基于 DPI 技术的带宽管理系统时，该系统通过深入读取 IP 包载荷的内容来对 OSI 七层协议中的应用层信息进行重组，从而得到整个应用程序的内容，然后按照系统定义的管理策略对流量进行整形操作。

第6章 “物联网+新技术”创意应用

物联网涉及工作和生活的方方面面，应用领域极其广阔，物联网应用没有限定一个范围。除了一些典型物联网应用外，大家还可以根据日常生活中接触到的问题设计大量有创意的应用，也可以在生活、工作、新闻中发现痛点，利用物联网及最新技术综合设计大量创意应用，并从中挖掘商业价值。

6.1 物联网创意应用

6.1.1 智慧农业的创新

智慧农场将物联网技术和传统农场结合，将传统农场打造成高端精品智慧农场。物联网创意“智慧农场”由3个核心部分组成：智慧管理、食物追本溯源和数据分析。下面从这3个部分具体展开介绍。

1. 智慧管理

智慧管理指的是将物联网技术应用于农场管理。管理分为3个方面：农作物、畜牧和员工管理。针对农作物，我们将在农场庄园内放置各种传感器用于采集数据，实时上传温度、空气湿度、日照强度、土壤养分浓度、土壤湿度、二氧化碳浓度、农作物病毒细菌含量等数据。在平台上将这些数据用可视化的方式展示出来，方便农场管理员根据数据及时作出浇水施肥等决策。当然还可以添加设备，根据设定的阈值自动实时触发相应动作，如自动浇水、自动施肥、自动遮光等。针对畜牧，实时监测农场内水槽水位、水温、食物剩余量、动物的温度等数据，根据这些数据可以做到自动投食、自动喂水、监控动物健康状况。针对员工，可以实时定位员工，方便针对园区内不同地方的管理任务作出合理的安排调度。

2. 食物追本溯源

用物联网技术做出食物档案。现在食品安全问题越来越被人们重视，我们的食物追本溯源旨在将食物的生长和养殖过程公开透明地展示到消费者眼前，以此接受人们的监督，保障食品安全。我们从一颗种子、一头乳猪开始到其被加工成食物成品的过程中追踪它们的成长历程，在关键节点上采集数据，制成食品档案，保证食物的安全性。在销售时将这些数据可视化地展示出来，将产品定位为高端精品食品。

3. 数据分析

通过大数据分析发现动植物的生长规律，提高农场运作的效率。物联网应用必会产生海量数据：一个上千亩（1 亩＝666.667 m^2）的农场必定配备很多的感知传输设备，这些设备实时采集数据并将其上传，可想而知每天的数据量之大。我们运用大数据、数据挖掘等技术对这些宝贵的数据进行分析，得出一些有价值的结论，为农场管理乃至销售提供决策依据，数据分析流程如图 6-1 所示。

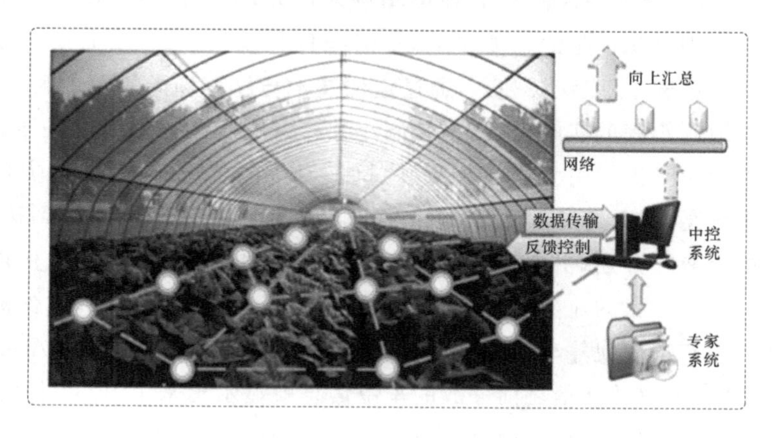

图 6-1　数据分析流程图

6.1.2 智慧交通的创新

关于智慧交通上的创新这里主要举一个智慧停车的例子，它会让停车变得简单、智能。随着我国经济的迅速发展，私家汽车的数量持续增加。然而买车容易，停车却变得困难，尤其是在一些繁华地段，更是需要找上好久的停车位才能停车，效率极低。但是我们仍然可以看到一些停车位其实是没有被完全利用的，在一些大型的停车场，这种现象更为突出。传统的找车位方式难以满足日常出行的车位需求，基于以上，我们想到利用物联网技术智慧停车的创意。

利用 GPS、无线通信技术、移动终端技术，对停车位信息进行实时采集、更新，可对车位资源进行查询、预订、导航，从而实现对车位资源的最大化利用，使车主获得更好的停车体验，同时也提高了停车场的利润，实现双赢。智慧停车的“智慧”体现在智能寻找车位、车位预约、车位引导、车位出租、自动缴费。我们以“小张停车”为例，来讲述智慧停车在实际使用中的场景。

小张开车要去一家公司谈业务，但当他到达时发现找不到地方停车。这时他不慌不忙地打开了“智慧停车”的 App(Application)，点击“寻找车位”，由于小张刚买车不久，车技并不熟练，系统为他推荐了最近的地下停车场的一个空闲车位，该车位左边和右边均无车辆停放，小张可以轻松停入，他选中该车位并立即开车前往。小张根据导航找到了该停车场，在停车场入口处，电子眼通过图像识别技术辨别出是小张的车要进入，这时挡杆自动抬起，计费系统开始计费。接着，小张缓缓驶入，通过定位技术与停车场内的电子眼，系统获取到小张的实时位置，并控制小张行进路线前方的车位引导电子牌为小张提供引导。当小张驶过时，身后的电子牌熄灭，前方的电子牌亮起，最终小张顺利地来到了车位前。此时小张点击到达，手机上蓝牙开启，并与地锁配对成功，地锁缓缓落下，小张轻松停入。之后小张的业务顺利谈完，他之前由于着急去谈业务，匆匆离开并没有记住他停车的大致位置，但是小张并不担心，他打开 App，点击“我的停放”，他之前停放的车位信息就显示出来了，他点击“引导”，此时弹出导航，并通过定位，为小张定制了最近的一条路线，小张通过电梯下到停车场，在电梯出口处的一个自助引导终端小张刷了一下手机，通过手机的 NFC 功能，系统识别出小张需要提供引导，此时引导牌逐个亮起，小张根据信息轻松找到自己的车，他上车后，驶出车位，车位地下的压力传感器判断出小张已经驶出车位，地锁缓缓抬起，同时系统上该车位被释放，可被他人使用。小张通过引导牌顺利找到出口，通过电子眼记录小张驶离的时间，挡杆抬起，计费系统计算出小张应缴纳的停车费用，向小张发起收费。小张所使用的车位为小吴所有，小吴在别处工作，在平时大部分的时间小吴并不使用自己的车位，因此小吴将自己的车位在平台上出租，小张的停车费扣除管理费后都转到了小吴的账户，小吴利用这笔收入又缴纳了自己在别处的停车费。

在上述场景中，通过物联网技术，小张停车变得简单，同时小吴的车位也被有效地利用了，实现了资源利用的最大化，提高了停车的效率，降低了停车场的管理成本，并且系统可根据车型提供个性化的停车服务，如宽大车型停车位、充电桩停车位、新手停车位等，实现了智慧停车。

6.1.3 智慧城市的创新

智慧城市是城市建设和发展的趋势。自智慧城市的概念被提出以来，世界各国越来越重视智慧城市的建设和发展。在我国，智慧城市自兴起以来建设与发展得十分迅速。相关数据显示，目前国内超过 500 个城市提出了建设智慧城市的目标。如何使城市更加智能化，还需要我们更多的实践和探索，只有将物联网、大数据、云计算、移动互联网等技术更好地运用在城市建设中，智慧城市才能得到更加全面的发展。就目前而言，智慧城市仍然存在一些问题亟待解决，这就需要人们不断地创新，更好地完善智慧城市的建设。

1. 智慧垃圾箱

据统计，我国城市垃圾产量复合增长率为 5%，而垃圾清运量的增速仅为 2.03%，垃圾处理滞缓情况的解决刻不容缓，城市生活垃圾收集系统的智能化发展是实现城市智慧环保的必然要求。

随着太阳能光伏发电技术的迅速发展，光伏应用随处可见。而将光伏发电技术应用于智慧垃圾箱（见图 6-2），垃圾处理滞缓的情况就能得到很好的解决。

智慧垃圾箱需要实现的功能有智能语音提示垃圾分类、垃圾满箱告警、垃圾箱烟火监测告警、卫星定位。

智慧垃圾箱能够将收集到的告警信息及时回传给市政部门，根据卫星定位，市政部门能及时处理。

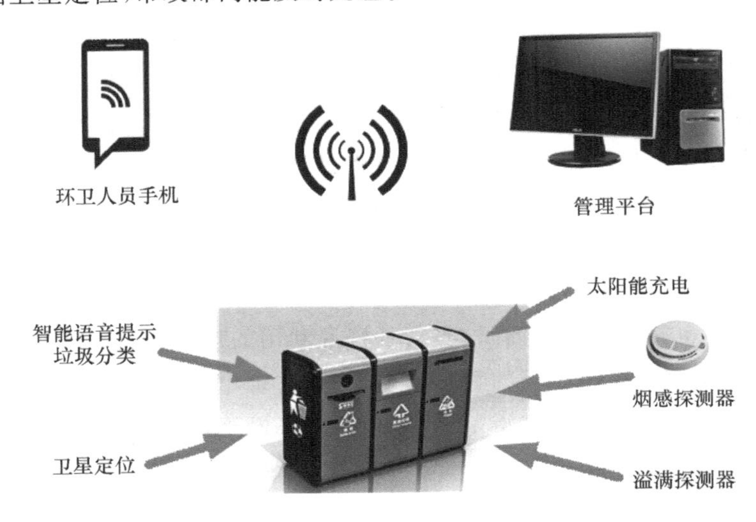

图 6-2　智慧垃圾箱

2. 智慧井盖

随着城市的发展，井盖的使用越来越频繁。然而，道路基础设施的逐步完善使得井盖的需求量日益增加。从最开始的水泥井盖到后来的铸铁井盖，井盖的发展历史可谓是有了显著的进步。智慧井盖(见图 6-3)是智慧城市的一个小分支，繁忙的交通、恶劣的天气等可能会导致井盖破损、丢失，以及不能及时得到维护更换，这些都存在巨大的安全隐患。随着物联网技术的发展和完善，井盖这个城市的基础设施也应当接入物联网，为城市的发展发挥更大的作用。

为了更好地完善智慧城市，智慧井盖应该具备的功能有：监控井盖是否被破坏、挪动；对井下液位深度进行检测；对井下有害气体浓度进行检测。

对井盖进行智能设防，对于非法开启和盗用进行及时报警反馈，从机制上保障井盖及地下通信线缆的安全，保证通信网络的畅通。

智慧井盖实时监测井下水位，免去了很多处理污水溢满的麻烦，节省了人力、物力和财力。智慧井盖实时监控井内有害气体，及时预警，能够极大限度地保护人民的健康。智慧井盖监控系统能够及时、准确地反映井盖的真实状态，弥补了传统人工巡检的不足，极大地提高了维护工作的响应速度及效率，能够节约大量的时间和人工。

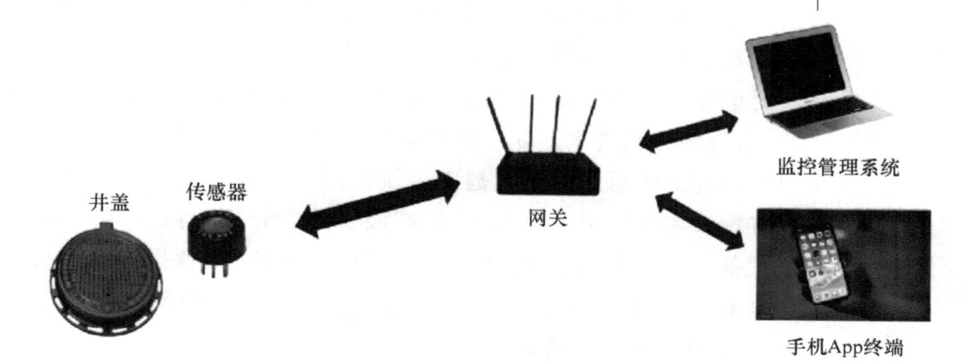

图 6-3　智慧井盖

6.1.4　智慧医疗的创新

物联网技术在医疗领域的应用潜力巨大，能够帮助医院实现对人的智能化医疗和对物的智能化管理，支持医院内部医疗信息、设备信息、药品信息、人员信息、管理信息的数字化采集、处理、存储、传输、共享等，实现了物资管理可视化、医疗信息数字化、医疗过程数字化、医疗流程科学化、服务沟通人性化，能够满足医疗健康信息、医疗设备与用品、公共卫生安全的智能化管理与监控等方面的需求，从而解决了医疗平台支撑薄弱、医疗服务水平整体较低、医疗安全生产隐患等问题。

在未来，医疗领域有六大技术会影响传统技术的改变：人工智能、机器人、区块链、数据安全可靠性、3D 打印技术和医疗大数据。大健康就是要人们回到健康的本源。未来的智慧医疗市场前景十分广阔，可以做的事情非常多，不只是治病过程，还包括医院后勤管理等。人工智能从方方面面提高了对群众的医疗服务品质。智慧医疗未来发展的方向有如下几个。①智慧医疗医院系统。智慧医疗将来会应用在医院系统中非常多的地方,比如药品、耗品管理系统,解决病房人手不足的医疗安全监控系统等。②卫生防疫领域。比如疾病控制,通过发热门诊数据自动连接和报警,分析病人的主要来源,从而找出病源地,提早采取病源控制措施。当年的SARS查了很久才查到病源,如果有智慧医疗的帮助,传播路线就可以清清楚楚地被看到,病源也会很快被切断。③卫生监督。现在很多医院的污水处理效果存在很大隐患,如果在污水出口都装上传感器,实时监控和公开数据,在这样的压力下,医院就会自觉去处理污水排放,否则会被追责。如今治理环境污染是个攻坚战,智慧医疗可以起到辅助作用。④个人健康系统的建立。目前这方面的仪器已经有投入实际应用的,例如睡眠呼吸暂停综合征检测仪、可穿戴医疗设备。近年来,随着物联网、云计算、区块链、大数据、5G移动通信技术的兴起,产生了很多关于智慧医疗的创意,下面介绍几个。

1. 健康养老机器人

健康养老机器人(见图6-4)可以根据老人发出的语音要求做出反应,比如,口语命令它扶老人起床,它就会走到床边,根据老人的身高和床的高度伸出机械手把老人抱起来,然后送他到指定地方,例如客厅、厕所,甚至将他扶上轮椅。未来,健康养老机器人深度开发将是智慧医疗发展的方向之一。

图6-4 健康养老机器人

2. 智能老人鞋

我国正面临日益严重的人口老龄化挑战,据统计,2018年60岁及以上人口有2.5亿人，占总人口的17.9%，根据预测，到2050年我国的老年人口将达到4.8亿人，占总人口34.1%的比重。面对老龄化问题，单靠医疗系统提供的服务并不足够，应该加强新技术的应用，为老人提供更好的照顾，并减轻医疗系统的负担。

老人的健康和安全是子女担心和在意的重要事情，特别是独居的老人和患有老年痴呆症之类病症的老人。独居的老人或者独自在外面的老人可能会摔倒，即使配备了报警按钮，老人也可能不能及时主动地按下，经常会出现因长久无人发现老人已经摔倒而造成悲剧的情况，此外，还经常出现记忆或者语言有障碍的老人突然走失，家人焦急寻找的情况。

市面上已经出现了给老人佩戴的手表，可以定位老人所在的地点和检测老人的健康状况，可是很难处理老人跌倒的情况，因为此时老人的生理特征可能不会有明显的变化，但是丧失了行动能力。再加上由于过往社会事件的原因，老人在外跌倒，很可能无法得到陌生人的及时救助，而且也无法保证老人周围能一直有能够提供帮助的人。

基于此一款给老人穿的智能老人鞋被设计了出来，如图6-5所示，鞋子内部配备有平衡感应器和压力传感器等运动感应器，当老人穿上鞋子后就进行检测。一旦感应到鞋子有失衡的情况，即老人可能跌倒了，在一定时间内未恢复平衡状态，就意味着老人跌倒得比较严重，已经影响到了自由活动的能力，那么就会向已经设定好的

图6-5 智能老人鞋

联系人发送消息警告。监护人可以在手机上收到警告,并通过软件定位到老人的位置,进行及时的救助。如果在一定的时间内,监护人没有对该警告进行反馈(如在 App 上进行确认收到消息的操作),那么智能老人鞋会将老人的地址发送到医院,请医护人员立刻赶到现场进行救助。

此外,鞋子中的定位器也可以作为寻找走失老人的工具。而且可以依靠和鞋子连接的 App,画出一个老人活动区域的范围,一旦老人的行动超出了规定的范围,可以向家人的手机中发送警告。老年痴呆患者如果无意识中远离了熟悉的区域,很容易造成走失的后果。

因为鞋子是给老人穿的,所以在使用上也应该多考虑老人的感受。比如,鞋子应该具有较好的防滑能力和减震能力,并且应该上脚舒适、透气。对于经常外出的老人,设计为运动鞋的样式,方便经常走动。而对于活动范围较小的老人,可以设计为更加普通的鞋子样式,方便在家穿和在等家里附近的地点散步。智能老人鞋可以在一定程度上确保老人的安全,也能使子女减轻生活和思想上的压力。

3. 模拟医学系统

目前,模拟医学已经成为一个单独的学科。举一个例子,比如,我们可以通过计算机构图建立三维数据模型,把病人的检查影像图、心电图等个人检查数据输入到模拟系统,以模拟逼真的手术环境,医生就可以模拟手术现场可能遇到的情况,如血管切什么地方安全,麻药打多少计量合适等。模拟医学系统会相应地给出仿真反馈,为医生的实际手术情况做一个预测,从而帮助医生更准确地选择治疗措施。未来,当此类技术更加成熟之后,可以把这些技术从三甲医院向基层医院推广,真正实现医疗下沉。

4. 医疗物联网——机器学习应用程序

和许多其他行业一样,机器学习对医疗保健行业非常有益。机器学习应用程序可以帮助医疗机构改善客户服务,从大量数据中提取有价值的信息,高效地分析医疗记录并改善患者的治疗。在实际使用案例中,医疗保健和制药公司在研发过程中运用分析技术,特别是在简化临床试验和决策时。当医生和其他专家作出决定时,由于无法快速处理大量信息，因此有时看起来有点混乱或受到限制，而且人为错误的可能性很高。智能数据分析可以通过从新来源获取更多数据点、打破信息的不对称、添加自动算法来尽可能有效地进行数据处理。随着数据源越来越多样化，收集和分析数据的新方法也越来越多，这有助于专家更快地做出正确决策。

在未来，医生、护士和患者都将佩带 RFID 手环，系统会自动通知医生和护士进行常规检查或及时处理突发事件。医疗人员会更快地到达相应地点，从而大幅减少医院内人员混乱的场面。另外，病人在未来可以佩戴生物传感器，用来监测血糖水平、血压、心率、氧气水平、脉搏、血液酒精水平等数据，如果这些指标出现异常，会及时提醒医生等相关人员，并且根据海量数据库去进行快速比对得出可行治疗方案，方便医护人员更高效地分析紧急情况下的救护措施。一些设备记录的指标具有很高的灵敏度和特异性，对健康管理非常有用，尤其是对于合并多种慢性疾病的老年患者。生物传感器能够实时跟踪患者的健康数据，并为医生提供所有信息，从而避免疾病并发症并改善治疗。海量的数据直接从患者身上读取并不断更新，因此所搜集的指标质量高于患者在就诊期间报告的指标，并且可以为专家提供特定情况下临床过程的真实情况。

通过物联网的应用，整个医疗体系将更好地实现医疗机构与患者、医疗机构内部管理的优化，从而形成一个新的感知、反馈与干预系统。这不只是医疗技术的进步，而是整个医疗体系，包括医院管理系统的进步。医疗物联网——机器学习应用程序如图 6-6 所示。

图 6-6 医疗物联网——机器学习应用程序

5. RFID 技术实现输液防差错

输液是当前医疗活动的重要组成部分，工作量大，业务繁忙琐碎，一旦出现差错，就可能危及病人的安全。因此，应该在药品的调配与发放过程中，充分利用物联网技术减少不规范操作带来的安全隐患，以及纠正医疗差错等一系列问题。

输液防差错系统包括射频发射器、射频接收器、患者腕带、控制中心装置。射频发射器设置在患者的药物上，射频接收器通过唯一的射频信号与射频发射器无线对应连接。每位患者入院时都匹配一只患者腕带，由控制中心装置自动编号并记录患者的各种信息，并且产生唯一的射频信号。在患者的后续治疗过程中，每一项药物或治疗措施，以及患者的各种检查采样标本均采用同一种编号。配置中心配药或科室为患者增加药物时，每项药物均嵌入射频发射器。RFID 输液系统如图 6-7 所示。

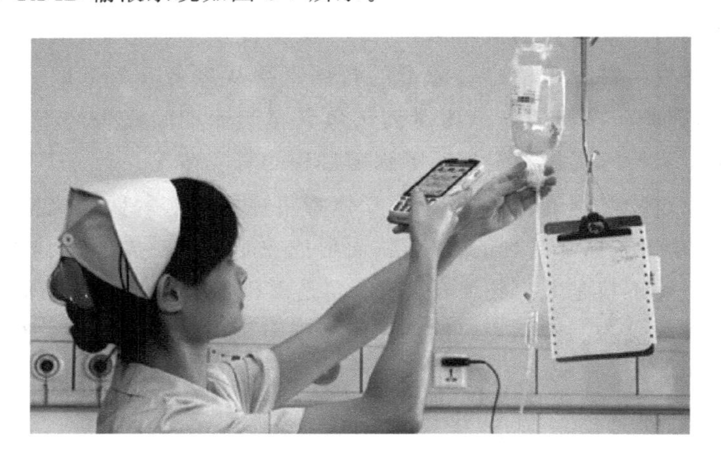

图 6-7　RFID 输液系统

当医护人员取出药物为患者治疗时，在射频信号的接收范围内，患者腕带上的射频接收器接收药物上的射频发射器发出的信号，自动核对并识别相应患者信息，判断药物是否正确，防止错误治疗。若射频接收器发现药物的射频信号匹配正确，则立刻发出声音提示医务人员正确；若射频接收器发现药物的射频信号不匹配，即非该患者的药物，则立刻发出警报声提示错误，并通知控制中心装置。医护人员可采取相应的措施补救。通过射频信号核对技术可从根本上解决配药—储存—治疗过程中的失误，从而减少医疗事故的发生，也减轻医护人员的压力及缓和医患矛盾；通过高度集成的信息化管理措施和先进的物联网技术，能够使整个医疗过错一目了然，条理分明，并且每一步都上传至控制中心，留下记录证据；通过控制中心进行数据联网，并形成大数据，通过大数据对患者自身信息和治疗过程的对比总结出相应的经验，用来辅助以后的治疗。

6. 基于物联网的护士工作站

很多护士站病床多、护士少，在没有实现各护士站集中监控管理的情况下，护士站在处理效率、安全保障以及资源优化配置等方面存在诸多缺陷。利用物联网技术，可以实现对住院病人和医护人员的自动身份识别、人员定位、电子导医、生命体征信息自动采集监视、电子化病房巡查、出入安全控制等新型医务服务和管理功能，其包括 5 个子系统：病人身份匹配系统、病人安全管理系统、病人实时定位监视系统、病人生命体征数据采集和监护系统与物联网病房管理系统。

病人身份匹配系统在病人入院时即通过入院注册系统登记病人的身份信息，病人需佩戴唯一的电子标签腕带。对于有源物联网标签，病人通过佩戴的电子标签腕带发出的信息能够随时被覆盖的无线物联网探测网络侦测到，由医护工作人员通过工作台的计算机随时识别不同位置的病人身份信息。

病人安全管理系统利用物联网电子标签的在线侦测和远距离读取识别的特性，可以在病人腕带被非正常移除和脱落时提示监控台报警。病人在未经过许可授权而离开护理区域时，区域出入口的物联网探测器将验证许可身份并向工作控制台报警提示，防止病人在未经许可时离开监护区域。

病人实时定位监视系统在物联网探测网络的覆盖下，使佩戴物联网腕带的病人可以实时地处于医疗监护的状态下，医院方能够更好地根据病人的活动情况提供医护关怀。根据最近物联网探测点的位置和返回的探测到的物联网腕带信息，可以随时了解在此区域附近的病人信息，根据需要由医护人员随时提供医护服务。物联网护士工作站如图 6-8 所示。

图 6-8 物联网护士工作站

病人生命体征数据采集和监护系统利用物联网的数据转储和传输特性，结合微型病人体温测量探头，以及移动式体征监护设备，在物联网接收器网络的覆盖下，可以进行在线病人体征数据采集和监护管理，使病人在无人陪伴的场景下，也可以受到监护关怀。该系统随时为医护人员提供病人的体征活动状况，以使医护人员能够及时处理应急救护需求。

物联网病房管理系统通过利用无线网络覆盖和配置移动物联网护士工作站，可使护理人员脱离护士台的计算机工作站的羁绊，在日常的移动工作中，随时随地地在线使用信息管理设备，进行病人身份核对、资料调阅、位置跟踪、医护工作记录查询等一系列现场任务操作，摆脱传统的纸质登记、核查操作方式，实现移动现场医护操作管理，提高工作质量和效率。

7. 智能多学科会诊

智能多学科会诊可以在线上帮助部分病人进行基本的疾病筛查，指导病人合理用药，判断病人是否需要送医院治疗，以缓解当今医疗资源紧张的局面。智能多学科会诊如图 6-9 所示。

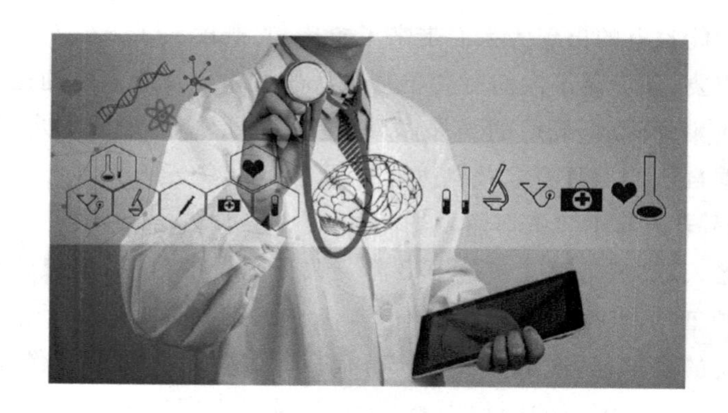

图 6-9 智能多学科会诊

6.1.5 智慧家居的创新

在物联网 3.0 时代，我们如何让自己的家居产品更加智能化，如何将移动终端与家用电器设备相结合，如何将市场上琳琅满目的空调、冰箱、电视联系起来等？可见，智慧家居未来需要发展创新的领域还很多。下面是关于智慧家居的几个创新应用。

1. 小家电个性化使用

随着人们生活品位的提高，越来越多的人追求与众不同的生活方式。比如，根据自己的生活习惯，对普通的小家电进行个性化的使用，往往会给我们带来意想不到的效果。

当我们还在下班回家的路上时，家用电器就已经开始为我们准备丰盛的美食，那将是多么奇妙的事情。其实智能插座就能将这奇妙的事情变成现实，我们可以定时控制烤箱的开启和断电时间。当我们拖着疲惫的身体回到家里时，香味扑鼻的曲奇饼干正好摆在你面前，再配上一杯香浓的咖啡，那将是多么惬意的享受。

人们还可以在社交平台上将自己的使用方法和感受与好友进行分享，微信朋友圈、空间都会被个性化小家电刷屏。智能家电家庭能源管理，顾名思义就是对家庭使用的能源进行管理，比如天然气、电等。如果我们在冬季使用空调，当室温到达设定的 25 ℃以后，空调不再自动制热，那么只能说我们使用的是一台节能空调，还不能人性化地节约能源。所以，节能产品并不能满足人们对生活质量的追求。

智能家电的出现为人们带来了希望，它既解决了人们对节约能源的需要，又满足了人们对高质量生活的追求。智能家电通过对数据的收集分析，将最后的结果以简洁明了的形式反馈给用户，让用户根据自己的能源需求做出适当的调整。

2. 老人与小孩关怀照看

老人、小孩是家庭成员中最需要关怀照看的对象，那摄像头作为保护工具，自然必不可少。但是，传统的摄像头满足不了家庭安防系统的要求，已逐渐被云眼所替代。云眼凭借高清的摄像能力，能够让人们在清晰的图像中查找细节，及时发现安全隐患，避免意外的发生。另外，网络化使得人们能够通过移动终端（如智能手机等）实现对家中情况的全时段掌控。

云眼能够迅速被人们采用，是因为它拥有众多的功能。它不但能满足实时查看和回放视频的需求，而且能将视频免费存放于云盘，减轻了用户的使用成本。其中最吸引人的一点是云眼能够实现即时语音通话，方便了人们的交流，拉近了人们的距离。

3. 智能门锁和电子猫眼

首先，电子猫眼拥有拍照、录像的功能。当家中无人时，它能够对访客的外貌特征做出准确的记录。倘若某些访客在门前有鬼鬼祟祟的动作，安防系统会对主人的移动终端（如智能手机）发出警报，主人可通过移动终端实现远程控制，对访客的动作做出判断。其次，智能门锁通过与移动终端相连接，能够让手持移动终端的人掌握何人何时回家。

当前，市场上出现了多种智能产品，最为先进的智能门锁几乎都采用蓝牙及网络通信技术，借助手机程序开锁等。

4. 空气环境质量检测器

近几年，随着雾霾等环境污染问题越来越严重，各种与环境质量有关的产品开始快速地发展，其中空气质量检测器更是受到人们的关注。我们想要了解室内的 PM2.5 数值，监测室内是否有煤气泄漏等，都需要使用空气质量检测设备。

空气检测设备作为智能家居的产品之一，不仅可以帮助人们实时了解室内空气质量，还能对室内空气质量进行调节，使室内空气质量达到健康呼吸的标准。例如某品牌推出的空气净化盒子，当人们设定为智能模式后，假若室内PM2.5超标，它会自动通过控制空气净化器对室内的空气进行调节；当室内空气达到良好的标准后，它会自动关闭调控系统。通过这种智能化的调节，它能使室内空气的标准始终维持在正常范围。

6.1.6 智慧校园的创新

智慧校园是以物联网、云计算、大数据为基础的智慧化的校园工作、学习和生活一体化的环境，这个一体化环境以各种应用服务系统为载体，将教学、科研、管理和校园生活进行充分融合。相比传统的学校，现在很多学校已经能够实现集门禁卡、借书证、零钱卡于一体的校园一卡通，同时还有一些学校能够实现在线选课、在线查成绩等智能化操作。但是这个一体化环境覆盖的地方，范围还不全面。随着人工智能、大数据等计算机科学的发展，智慧校园由此萌生。智慧校园是数字校园升级到一定阶段的表现，是数字校园发展的一个阶段。由此，可以看到的是，智慧校园的基石是前期数字校园的建设与发展。这也就意味着，智慧校园首先要有一个统一的基础设施平台，要拥有有线与无线双网覆盖的网络环境；其次，要有统一的数据共享平台和综合信息服务平台。智慧校园的创新可包含以下环境。

1. 物联网改变生活

现代人几乎离不开手机，将物联网、云计算、大数据技术应用于手机软件，通过手机就能行走校园。

① 移动终端借书：今天没带借书卡，就没办法去图书馆自习、借阅、归还……有了“物联网”，就不必再纠结。借助物联网智慧校园系统全面对接图书管理系统，将用户借阅信息读入手机卡中，使用这项业务的手机用户能轻松实现图书的借阅、归还，还可通过短信完成查询、预约、到期提醒、续借等增值服务。

② 移动终端考勤：老师通过后台基础数据库调出本月授课考勤记录，准确识别出班级所有人员的缺勤情况，时间精确到秒，既节省了时间，又杜绝了别人代替签到的问题，给日常教学管理提供了巨大帮助。不用花太多时间在点名上，缺勤、迟到一目了然，学生上课的积极性也提高了。

③ 移动终端消费：职员工、学生可以用手机在学校食堂、周边商家轻松消费，手机不仅能发短信、打电话，还是一个电子钱包，用手机完成小额支付不但节省了时间，也免去了现金找零的麻烦，还能通过一账式消费“钱包”实现自身对校园消费的管控，培养良好的消费观。

④ 宿舍医疗看护：当你生病时，却要拖着虚弱的身体在医院排着长长的队；当你从药店拎回大包小包的药，吃完后却发现，药效还没有诊所开的好。当你生病卧床时，有没有想过和网上购物那样，动一动手指，或者用摄像头照一下，就能诊断出你的病情，给你对症下药并送药上门，或者到附近的药店、无人售货药柜扫下码直接取药。宿舍医疗看护主要解决的就是，当你在宿舍生病时，宿舍大楼里的无人售货机根据数据库所存储病例的状况，对应开药。

2. 物联网改变教学方式

智慧教室是自动化、智能化、集控化的管理系统，可以同时对多个教室的教学活动过程进行录制、直播和点播；可以对教室的设备进行集控式管理；通过电子班牌对智慧教室的内容和环境状态进行发布；通过互动教学平台实现教学资源的管理和推送。

智慧教室充分利用了物联网平台的特色，主要是面向广大学校教师管理部门的需求而构建的。它对各教室的多媒体教学系统、电力系统、环境保障、设备运行、设备维修、人员管理等进行统一的网络化、信息化和智能化的实时监控、数字化管理，减轻了管理人员的工作负担，提升了工作效率和服务水平。它是为教室主管部门的宏观管理和科学决策提供动态、智能、综合的实时管控与信息的平台。

智慧教室主要的功能有 6 个，智慧教室系统架构如图 6-10 所示。

(1) 环境监测和管理

通过安装在教室内部的监测设备(温湿度传感器、二氧化碳传感器、光照传感器等)对教室环境进行实时监测和数据记录，通过后台控制系统实现对教室环境的改善，也可以根据预先设置的策略进行智能控制。

(2) 教学过程录制

通过安装在教室内的高清摄像头对教学过程进行网络化录制

和存储，云端管理平台可以按照教学课表进行自动录制，或通过教室内的控制屏进行手动录制。

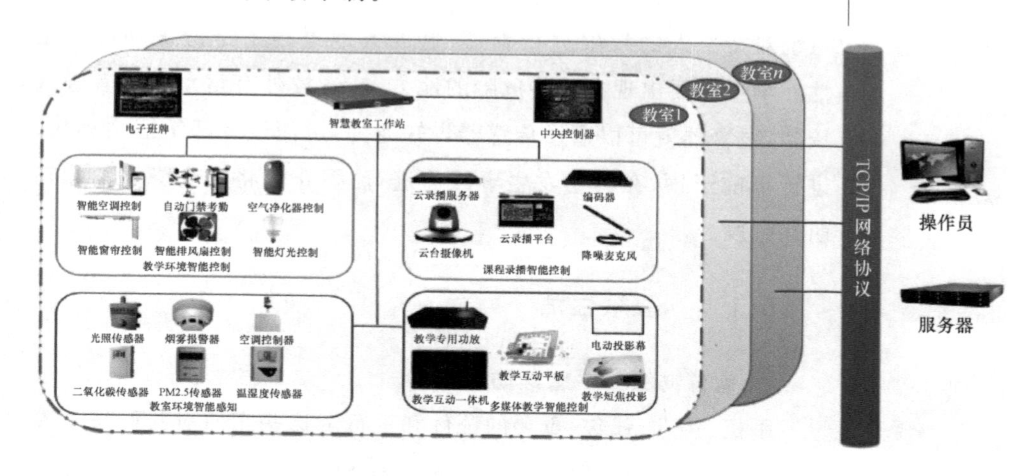

图 6-10 智慧教室系统架构图

(3) 教室设备控制

通过安装在讲桌里的教室工作站，对教室内的教学设备(互动教学一体机、投影、音响、功放等)进行统一控制，教师可以选择一键开关设备，也可以通过控制屏进行单独控制，从而降低设备操作的复杂性。

(4) 教室物资管理

教室设备贴二维码标签，通过手机二维码扫描识别的方式进行教室设备的盘点。

(5) 远程集中控制管理

系统管理平台为/架构，可以通过远端登录对每个教室内的设备实现单独控制，同时可以实现整个教学楼的集中控制。

(6) 教学互动管理

系统教学视频课件通过云端进行发布，学生可以通过网络进行自主学习，对老师的课件进行点评和互动，老师可通过在线互动的方式实现教学互动。

3. 物联网还能在很大程度上保障学生的安全

物联网在校园安全上，主要体现在人脸识别开门。每次出门都可能忘记带宿舍钥匙、抽屉钥匙、教室钥匙……有了物联网后手机就可以解决一切问题。只要从口袋里拿出手机，在门禁读卡器前轻轻一晃，“嘀”的一声，宿舍门就开了。同时，学校还可以借助门禁子系统对持卡人的权限进行管理，这大大地提高了身份识别的安全性。学生只要出现在某些危险的地方，或者校外有蓄意侵入者进入校园，报警器就可以通过传感器告知老师，进而让老师掌握主动权，进行事前干预，在学生发生事故前进行“阻止”，将安全隐患消除在萌芽阶段。

6.1.7 智慧生活

1. 智慧防丢——智能防丢器

手机、钥匙、钱包、重要的证件和银行卡这些东西对我们每个人来说，都至关重要。但是由于各种外在和内在原因，经常会出现上述东西被盗或者我们忘记放置位置等情况。对于年轻父母来说，孩子是最重要的，社会上有时会出现偷、抢孩子的事件。为了更好地“看护”我们的珍贵物品，能跟踪贵重物品、孩子，能防止丢失的智能防丢技术正迫切地被人们需要。

以下以智能防丢钱包为例，为大家展示结合物联网技术的“偷不走，丢不掉”的钱包。该钱包由钱包本体、电源接口、GPS 定位、无线通信、报警指示灯和微型处理器、小型摄像头等模块组成并和手机 App 配合使用。我们将这些模块集成在一颗小型的芯片上，形如硬币，内嵌在钱包内，方便使用。智能防丢钱包的无线通信模块通过蓝牙和手机配对，可以设置防丢范围，一般 30 m 左右，一旦设备超出设定范围，手机就会有提示；GPS 定位模块可实时锁定钱包位置，并将其显示在手机 App 上，方便钱包丢失后定位钱包所在位置。如果钱包真的被人偷走，智能钱包在偷盗者打开的瞬间，可以拍下对方的外貌，这有利于警察破案。此外，它还可以双向防丢，当你一早起来，找不到手机或者找不到钱包时，可以用手机或钱包让对方发出声音，轻松找到对方。

由于智能防丢模块仅有硬币的尺寸和重量，我们将其和钥匙扣配件放在一起，则智能钱包就变成了防丢钥匙扣。除此之外，我们还可以将其放在背包、手提箱或者宠物身上，都是一个不错的选择。防丢器兼具防丢与丢失后找回的强大功能，期待在不久的将来，可以应用到更丰富的场景，如男女箱包、口袋、书包、婴儿车等地方。智能防丢应用场景如图 6-11 所示。

图 6-11 智能防丢应用场景

2. 远程控制技术

(1) 远程养宠物

随着现代社会经济的快速发展，越来越多的人开始养宠物，以为自己的家庭生活带来更多的乐趣，尤其是大城市独自打拼的青年们，越来越喜欢养一只宠物，以便能够在闲暇之余带来更多的欢乐。所以宠物用品市场开始火爆，相较于国外，国内由于饲养宠物兴起的时间较短，所以宠物用品市场还缺乏一些优质产品，其中比较重要的就是和喂食宠物有关的产品。为了宠物的健康，粮食需要保持在一定干燥的环境，也必须控制摄入量来保证宠物不会过于肥胖，这些事情每天都需要大量的时间去完成，但很多人由于处于大城市，频繁的加班、应酬、出差成了家常便饭，以及各大节日的出行给家有宠物的人群带来了极大的困扰。有些人会选择将宠物寄养在价格不菲的宠物店里，也有不少人会考虑把充足的食物堆积在一起，这对宠物来说并不是什么好的现象，长此以往，饥一顿、饱一顿可能会导致宠物出现消化不良等疾病。

目前市场上的宠物喂食器虽然给用户带来了极大的便利，但是其产品功能单一，主要的功能是定时定量喂食，在用户离开家后，其并不能及时喂食并使用户了解宠物的动态。所以为了满足用户远程喂养宠物的需求，需要设计一个远程实时智能喂养系统。用户离开家后，可以通过手机、平板电脑等移动终端连接网络来控制宠物喂食，并且可以监测宠物的活动状态。

远程喂养宠物系统的主要功能有：可以通过终端软件与家中的喂养装置进行通信，实现远程喂养；在手机等终端可以随时查看家中宠物的进食状况和活动状态。

系统还可以通过拓展其他设备来完善对宠物的科学喂养，比如，可以搭配项圈等智能设备来监测宠物的运动状态和健康情况，实现真正意义上的科学喂养，让宠物的健康更加有保障。

(2) 无人机充电网

随着无人机的广泛应用，我们可以想象一个场景，在未来城市上空的每一个角落，都会有无人机的身影，这些无人机分工明确，有的是执行侦察反犯罪任务的，有的是用来送快递的，还有的是用来送外卖的。无人机与无人机之间可以相互通信，可以利用人工智能技术建立无人机的调度系统，让这些无人机不会互相影响。在城市各处会建立很多无人机充电站，这些无人机每次执行完任务后，就会巡航到离它们最近的充电站进行充电，它们组成了无人机网络。

现代社会的人们已经离不开电子设备，比如智能手机、智能手表、数量庞大的各种物联网终端传感器，或者其他的智能可穿戴设备，在未来还会存在一些机械手臂、外骨骼之类的需要电力才能使用的装置，甚至还有电动汽车，但这些设备都存在一个问题，就是耗电，我们却不能随时随地地找到充电设施。目前无线充电技术发展迅速，针对这个问题，可以利用无人机来建立充电网络，利用该网络对各种电子设备进行远距离充电。

在目前的无线充电技术标准中，最主流的有两大标准，一个是Qi，另一个是 A4wp。其中市面上的产品大多使用 Qi 标准，所以未来技术大概也是朝着 Qi 标准的方向发展的。在 Qi 标准下，低功率标准使用电感传输 5 W 或以下的功率，发射与接收均使用偏平电感，以电感耦合方式传输能量，两电感（线圈）之间的距离可达 5 mm，也可视需要而增至 40 mm。输出电压能稳定在特定数值，方法是在输出端以数字通信的方式通知输入端增加或减小电量以达至稳定电压的效果。数字通信是单向的，以反向散射调制将信息发送，也就是在输出端改变负载，使输出电感的电流改变，从而改变输入线圈的电流，根据输入端电感的电流改变加以解调就能得出所需控制信号。如此，输入端根据控制信号调控输入电量就能使输出端的电压稳定。

而我们未来就可以利用这个无人机网络，这些无人机本身是具备电能的，而无人机在执行完任务后，会存在一定的空载期，比如送完快递的无人机，没有任务时，它要返航，我们可以利用这些空载的无人机资源，在每一个无人机的身上安装一个无线充电设备，当用户的电子设备快没电的时候，他可以使用 App，寻找离他最近的无人机，这些无人机会在他头顶 3～5 m 处飞行，一边飞行，一边为用户的电子设备充电。

3. 智慧运输

（1）智能家庭床

我们知道大多数婴儿床都是有轮子的，主要是婴儿床较小，安装轮子方便移动，既然可以移动，那么就省了买摇篮了，宝宝的妈妈在旁边就可以轻轻推动着婴儿床哄着宝宝睡觉。其实我们可以在婴儿床的轮子上加动力装置和检测装置，当妈妈在整理家务或在家使用计算机时，就可以让旁边的婴儿床按设置的频率轻轻推动，这样妈妈就有空做其他的事了。有轮子的婴儿床一定要搭配好刹车系统，等床移动到位后就把刹车固定好，避免床移动吓到宝宝，所以我们可以设置位置感应装置，当婴儿床移动超过一定距离时，启动刹车系统。还有当宝妈推着婴儿车去户外时，如果遇到下坡路，为了避免一时疏忽而松开婴儿车，可以进行遥控刹车，避免意外发生。如图 6-12 所示，可以设计并制作多功能的物联网婴儿床，为婴儿的健康安全成长保驾护航。

图 6-12　多功能智能婴儿床

可能我们觉得轮子只有在小的婴儿床上才有实用价值，其实我们也可以将家里的普通床安装上轮子。我们都会碰到在打扫卫生时，由于力气不够而无法移动笨重的大床的情况，所以床下面和床脚附近往往是打扫盲区。如果床上有轮子，就可以轻而易举地移动它了，若能安装动力装置，就可以和扫地机器人配合打扫卫生了。

有时候我们会感觉睡觉不舒服，通常是因为有床虱这样的小虫子。床虱体形极小，通常藏在床垫里，在夜晚时出来咬人。我们可以在床轮上安装床虱检测传感器，一旦检测到床虱，就用灭虫剂消灭它，然后清洗床单，以保证好的睡眠环境。如图 6-13 所示，智能家庭床将会使我们的生活更加方便舒适。

图 6-13　多功能智能家庭床

（2）超市购物车

去超市购物已经成了我们必不可少的生活行为，但大型购物超市的物品种类数以万计，而且我们的购物选择也越来越多元化，经常遇到诸如无法快捷地在超市里准确找到想要购买的商品，对同类商品不同品牌的商品信息了解不充分，对购物车内要购买商品的数量和价格明细不了解，购物高峰时期长时间等待结算等问题。解决上述购物烦恼的创意超市智能购物车如图 6-14 所示，它将使我们的购物更加方便快捷，大幅改善我们的购物体验。

图 6-14　超市智能购物

当我们进入超市时，可以领取一个购物手环，然后智能购物车就会跟随我们购物，而无须我们亲自推它，这样可以使我们在购物中真正解放双手。智能购物车可以根据 RFID 读取附近商品，在屏幕上显示附近货架上的商品目录，使人们可以快速地找到自己想要的商品，并能发现其他的好商品，激发人们的购买欲望。当购买好商品后，我们不用去收款处逐个扫码支付，因为智能购物车的底部内置有 RFID 射频标签读取器，它可以非接触式地读取商品的价格信息，然后将其显示到智能购物车的触屏显示器上，并同步上传到超市服务器，这时顾客就可以手机扫码支付了。当顾客走出超市时，要归还智能购物车和对应的手环。

(3) 智能行李箱

当我们出门旅行或者开学、放假时,行李箱是不可或缺的一部分。如果给它赋予某些智能化的特点,将给我们的生活带来许多便利,也会给我们的旅行留下美好的回忆。如图 6-15 所示的智能行李箱,用户可以通过 App 对其进行智能上锁和解锁,测量其重量,对其进行定位追踪,记录旅行轨迹,此外其还有距离感应防丢功能。

图 6-15　智能行李箱

下面介绍智能行李箱的几个功能。①智能上锁和解锁。当用户与行李箱的距离超过了 App 预先设定的数值时,蓝牙连接中断,那么行李箱会自动上锁。当用户回到预设范围内时,蓝牙重新连接,用户可以重新获取对行李箱的操作权限。②测量行李箱重量。智能行李箱内置电子测量器,用户在收拾好行李后,只需要提起把柄,整个重量就会通过手机 App 反馈给用户,用户可以判断行李箱的重量是否在当地机场的允许范围内,从而进一步决定是否增减行李。这样避免了我们专门找一个称量仪器,简化了出行程序。③定位追踪。当用户丢失了行李箱时,可以通过 GPS 定位找到自己的行李箱。④距离感应防丢。通过内置距离感应器,当用户与行李箱分开合理的范围后,手机将收到消息提示,然后用户可以根据定位找回行李箱。⑤记录旅行轨迹。手机 App 从用户的出行数据中提取出信息并进行实时记录,包括曾经到过的城市和停留的时间等。⑥内置移动电源。在出门旅行和上学途中最担心的是手机没电,如果行李箱可以充当移动电源,那就再好不过了。

4. 物联网和生活中的大数据

我们知道物联网，就是通过各个物体联网，进行数据采集，然后将采集到的数据送入后端进行处理。在以往数据并不充足的时代，数据可能便于处理。而在21世纪数据大爆炸的时代，数据的充分利用关系到社会的进步。因此，这里我们讨论的物联网创意是，怎么利用物联网时代下的大数据。

这里我们举一个智慧农业大数据的例子，我们通过收集农作物的产地，农场名称，品种，光照、温度、湿度曲线等数据可以有效地知道农作物的生长状况，进而可以对生长良好的农作物使用数据库记录它的生长曲线，然后在一些复杂的算法中进行分析，得出农作物生长最好的参数设置。我们对农作物生长的平均温度、湿度、光照进行检测，进而绘制出如图6-16所示的农作物生长曲线。

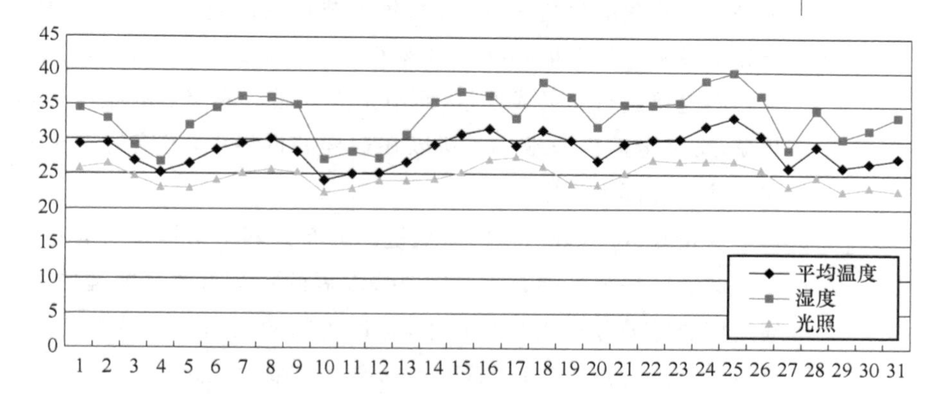

图6-16 农作物生长的曲线统计

这里以水果为例。我们通过记录数据，将该数据显示到微信公众号上，让销售部分的信息更加公开透明，使用户吃得安心。此外，记录每种水果的各地区销量及评价，汇总后展示给用户，方便用户对水果质量的了解。使用户全方面地了解水果的整个生命历程，使水果的信息更加透明，赋予水果生命，使用户对水果更有感情、更加珍惜，提高回购数量。这里拟人化描述水果的生命，使用户投入更多情感，增加复用率，也使人们更加珍惜食物。监控水果的整个生命周期，既提高了水果的质量监管，也方便出现问题后的追踪控制。

6.2 “物联网＋最新科技”的创意应用

6.2.1 “物联网＋区块链”

在物联网时代，我们生活中几乎所有设备都能够连接到互联网中，这些设备之间可以不通过人的干涉直接通信。这些设备能够实现自我管理，并不需要我们来经常对它进行维护，也就是说，我们人类被设备去中心化了。

既然这些设备的运行环境是一个去中心化的网络环境，那么如何实现每个设备间的信任问题呢？我们知道在以往的经验里，这些都是由中心化的机构来完成的，每个节点只需要信任中间机构，就能完成各种操作。但物联网包含了全世界无数的设备，并且都是设备之间直接进行交易或通信，而不是人。通信或交易的频次会非常频繁，交易金额也非常小。所以在这样的世界中，传统的支付系统和通信系统都不管用了。

这正是区块链的特性，区块链的分布式网络结构就是为物联网而生的。区块链是推动物联网时代发展的一个重要且关键的技术。通过区块链的分布式总账技术，将设备间的通信和交易去信任化，直接进行点对点操作；大量的数据通过分布式存储也不会有太大压力，而这样的存储容量是目前任何一家巨头公司都无法承担的；另外区块链天然具备的价值转移属性，也为设备间的直接交易提供了可信环境。

1. 物联网和区块链结合的优势

(1) 优势一：信任

区块链提供了高度的安全性和透明度。这使节点间能快速验证信息，建立信任，监控进度并触发支付，而无须依赖中央管理机构或不断的人为干预。

(2) 优势二：速度

基于设备的点对点合同和分类账可加速数据的交换和处理。

(3) 优势三:简单性

通过区块链,企业可以交换数据、转移商品并自动化业务流程,而无须设置昂贵的集中式IT结构。

(4) 优势四:敏捷性

区块链实现实体间的契约行为,即智能合约,无须任何第三方“认证”物联网交易。随着区块链技术不断地走向成熟,物联网时代的到来也会越来越有眉目。也许从未来的某天开始,我们自己家里的各种家具、电器都不怎么需要我们去管理维护了,它们似乎都被赋予了灵魂,各司其职地为我们服务。

2. 物联网和区块链结合的重要应用场景

(1) 应用场景一

传统的供应链运输需要经过多个主体,例如发货人、承运人、货代、船代、堆场、船公司、陆运(集卡)公司,还有做舱单抵押融资的银行等业务角色。这些主体之间的信息化系统很多是彼此独立、互不相通的。一方面,传统供应链存在数据做伪造假的问题;另一方面,因为数据不互通,出现状况的时候,应急处置没法及时响应。在这个应用场景中,在供应链的各个主体上部署区块链节点,通过实时(例如船舶靠岸时)和离线(例如船舶运行在远海)等方式,将传感器收集的数据写入区块链,使其成为无法篡改的电子证据,这样可以提升各方主体造假抵赖的成本,更进一步地理清了各方的责任边界,同时还能通过区块链链式的结构,追本溯源,及时了解物流的最新进展,根据实时搜集的数据,采取必要的反应措施(例如,在冷链运输中,超过0℃的货舱会被立即检查故障的来源),增强多方协作的可能。

(2) 应用场景二

现在电动汽车主要面临的是多家充电公司支付协议复杂、支付方式不统一、充电桩相对稀缺、充电费用计量不精准等行业痛点问题,由德国莱茵公司和Slock.it合作推出的基于区块链的电动汽车点对点充电项目,通过在各个充电桩里安装树莓派等简易型Linux系统装置,基于区块链将多家充电桩的所属公司和拥有充电桩的个人进行串联,使用适配各家接口的Smart Plug对电动汽车进行充电。其使用流程为:首先,在智能手机上安装App,在App上注册用户的电动汽车,并对数字钱包进行充值;其次,在需要充电时,从

App 中找到附近可用的充电站，按照智能合约中的价格付款给充电站主人。App 将与充电桩中的区块链节点进行通信，后者执行电动车充电的指令。

6.2.2 “物联网＋人工智能”

目前我们正处于人工智能快速发展的时代，然而人工智能的发展在很大程度上依赖于物联网硬件，物联网硬件设备主要负责人工智能所需要的数据采集。我们知道大数据的产生背景就是物联网硬件采集的数据。所以物联网与人工智能之间最直接的一个联系就是大数据，物联网为大数据提供了主要的数据来源，所以没有物联网也就没有大数据，而大数据是人工智能的重要基础，所以从这个角度来说，物联网也是人工智能的重要基础。物联网发展的结果是“万物互联”，而“万物互联”必然会带来“万物智能”，所以物联网的发展会进一步促进人工智能的发展。

从整体架构来看，物联网是人工智能产品的“支撑点”。一方面物联网通过人工智能产品来感知世界；另一方面人工智能产品通过物联网来改变环境，而物联网所采集到的数据则是人工智能产品进行决策的基础。物联网技术和人工智能技术的结合会衍生一系列具有代表性的产品。人工智能和物联网结合的应用如下。

1. 无人驾驶技术

无人驾驶技术主要依靠人工智能、视觉计算、雷达、监控装置和全球定位系统协同合作，通过计算机实现无人驾驶，可以在没有任何人类的主动操作下，自动安全地操作机动车辆。从技术角度讲，自动驾驶又分为感知定位、规划决策、执行控制 3 个部分。要实现自动驾驶，除了算法创新、系统融合之外，还需要来自云平台的支持。感知定位是无人驾驶汽车能否上路的关键点。物联网硬件这里主要有高清摄像头，它采集各种图像，然后将其送入相应的算法，算法处理并识别目标，从而触动各个传感器控制无人驾驶车的方向盘，进而控制前行的方向。

2. 智能陪聊机器人

智能陪聊机器人主要利用自然语言处理技术。这项技术主要可以用于各种语言翻译和情感分析以及复杂的问答系统设计。其中情感分析可以根据聊天时的文本分析出主人的情感，选择不同的方式和主人聊天。其中市面中的比较火热的产品主要有微软小冰、百度度秘、科大讯飞等，其他创业公司也正在步入这一市场。这一市场也正是人工智能和物联网结合的重要产物，物联网硬件负责采集语音数据，利用人工智能相关算法对数据进行处理，并做出相应的回答。

6.2.3 “物联网＋无人机”

无人机是通过无线电遥控设备或机载计算机程控系统进行操控的不载人飞行器。无人机结构简单、使用成本低，不但能完成有人驾驶飞机执行的任务，而且更适用于有人飞机不宜执行的任务，如危险区域的地质灾害调查、空中救援指挥和环境遥感监测。

按照系统组成和飞行的特点，无人机可分为固定翼型无人机、无人驾驶直升机两大类。其中固定翼型无人机通过动力系统和机翼的滑行实现起降和飞行，遥控飞行和程控飞行均容易实现，抗风能力也比较强，类型较多，能同时搭载多种遥感传感器。其起飞方式有滑行、弹射、车载、火箭助推和飞机投放等；降落方式有滑行、伞降和撞网等。固定翼型无人机的起降需要比较空旷的场地，比较适合矿山资源监测、林业和草场监测、海洋环境监测、污染源及扩散态势监测、土地利用监测以及水利、电力等领域的应用。而无人驾驶直升机的技术优势是能够定点起飞、降落，对起降场地的条件要求不高，其飞行是通过无线电遥控或机载计算机实现程控的。但无人驾驶直升机的结构相对来说比较复杂，操控难度也较大，所以种类有限，主要应用于突发事件的调查，如单体滑坡勘查、火山环境的监测等领域。

1. 无人机遥感系统

无人机遥感系统多使用小型数字相机（或扫描仪）作为机载遥感设备，与传统的航片相比，存在像幅较小、影像数量多等问题。针对其遥感影像的特点以及相机定标参数、拍摄（或扫描）时的姿态数据和有关几何模型对图像进行几何和辐射校正，可开发出相应的软件进行交互式的处理。同时还有影像自动识别和快速拼接软件，可以实现影像质量、飞行质量的快速检查和数据的快速处理，以满足整套系统实时、快速的技术要求。进一步的建模、分析需使用相应的遥感图像处理软件。

2. 无人机快递技术

无人机快递即通过利用无线电遥控设备和自备的程序控制装置操纵的无人驾驶的低空飞行器运载包裹，自动送达目的地。其优点主要在于解决偏远地区的配送问题，提高配送效率，同时减少人力成本。其缺点主要在于在恶劣天气下无人机会送货无力，在飞行过程中，无法避免人为破坏等。

3. 无人机野外搜救技术

无人机搜救是一种新型的、高效的搜救方式，尤其是在许多无法出动人员进行搜救的极端环境下，无人机能给搜救人员提供准确的遇难人员的位置信息。相比于传统的直升机搜救以及人员地毯式搜救，无人机搜索具有低成本、高灵活性、高效率等一般搜救方式不可比拟的优势。

此外，无人机技术还具备水上搜救和远程巡航的功能，为军用和民用的帆船指引正确的前进方向。在野外和水上比较恶劣的环境下，我们通过无人机可以检测被困的人，实现低成本的远程监测和定位。

4. 红外热成像无人机搜救

综上，我们知道无人机的各种综合应用在快速地发展，原来的航拍受制于多种因素，很多时候已经不能满足行业应用的需求，如夜晚的巡逻、森林的火点巡查、电力线路的高温点测试、火场浓烟下的火点巡查、夜晚人员搜救等。在这些实际需求下，红外热成像技术开始被广泛应用。

自然界中只要是绝对零度－273 ℃以上的物体，都会发射红外能量，利用红外探测组件和光学成像物镜接收被测物体辐射的红外能量，并通过技术手段将其转换为对应图像，可以在黑暗环境下看到物体，测量出物体的温度。

红外热成像无人机系统可应用在森林消防中，红外热成像无人机监测森林消防可提前发现热点，预防火灾；在火灾中可快速定位着火点，搜救浓烟中幸存人员。此外，红外热成像无人机系统也可应用在应急搜救中，红外热成像无人机在应急搜救中可快速有效地搜救，提高搜救效率和营救速度，确保受灾人员及时得救，避免伤亡。

6.2.4 物联网与 AR、VR 技术

AR(Augmented Reality，增强现实)是一种全新的人机交互技术，利用这样一种技术，可以模拟真实的现场景观，它是以交互性和构想为基本特征的计算机高级人机界面。使用者不仅能够通过虚拟现实系统感受到在客观物理世界中所经历的“身临其境”的逼真性，而且能够突破空间、时间以及其他客观限制，感受到在真实世界中无法亲身经历的体验。

VR(Virtual Reality，虚拟现实)技术是一种能够创建和体验虚拟世界的计算机仿真技术，它利用计算机生成一种交互式的三维动态视景，其实体行为的仿真系统能够使用户沉浸到该环境中。

传统的信息处理环境一直是人“适应”计算机，而我们的目标或理念是要逐步使计算机“适应”人，使我们能够通过视觉、听觉、触觉、嗅觉，以及形体、手势或口令，参与到信息处理的环境中去，从而取得身临其境的体验。这种信息处理系统已不再是建立在单维的数字化空间上，而是建立在一个多维的信息空间中。虚拟现实技术就是支撑这个多维信息空间的关键技术。虚拟现实是各种技术的综合，包括实时三维计算机图形技术、广角(宽视野)立体显示技术，对观察者头、眼和手的跟踪技术，以及触觉/力觉反馈技术、立体声技术、网络传输技术、语音输入输出技术等。

1. 虚拟现实与室内设计

虚拟现实不仅仅是一个演示媒体，而且还是一个设计工具。它以视觉的形式反映了设计者的思想，比如，在装修房屋之前，首先要做的事是对房屋的结构、外形做细致的构思，为了使之定量化，还需设计许多图纸，当然这些图纸只有内行人能读懂，虚拟现实可以把这种构思变成看得见的虚拟物体和环境，使以往只能借助传统的设计模式提升到数字化的即看即所得的完美境界，大大地提高了设计

和规划的质量与效率。运用虚拟现实技术，设计者可以完全按照自己的构思去构建并装饰"虚拟"的房间，并可以任意变换自己在房间中的位置，去观察设计的效果，直到满意为止。这既节约了时间，又节省了做模型的费用。

2. 虚拟现实与文物古建修缮

利用虚拟现实技术，结合网络技术，可以将文物的展示、保护提高到一个崭新的阶段。首先表现在将文物实体通过影像数据采集手段，建立起实物三维或模型数据库，保存文物原有的各项形式数据和空间关系等重要资源，实现濒危文物资源的科学、高精度和永久的保存。其次利用这些技术来提高文物修复的精度和预先判断、选取将要采用的保护手段，同时可以缩短修复工期。通过计算机网络来整合统一大范围内的文物资源，并且通过网络在大范围内利用虚拟技术更加全面、生动、逼真地展示文物，从而使文物脱离地域限制，实现资源共享，并使其真正成为全人类可以"拥有"的文化遗产。使用虚拟现实技术可以推动文博行业更快地进入信息时代，实现文物展示和保护的现代化。

3. VR、AR 智能旅游

作为中国第三产业中发展最快的板块，旅游业永远是最时尚的那一部分。随着虚拟现实技术和增强现实技术的稳步发展，现在旅游景区、旅行社和在线旅游平台都开始试用 VR 和 AR 技术，那么 VR 和 AR 将如何给旅游行业带来改革？

首先，利用虚拟现实技术，能够通过高清建模和全景视频打造真实的临场感，让游客随时随地"亲临"景区，大大地降低了旅游的决策成本，使得旅客可以提前感受景点的场景，然后做出具体去哪一个景点的决策。

其次，通过融合图像智能识别和空间成像技术，增强现实技术能为游客即时提供当前游览信息、周边景点信息和导航线路，能很轻松地实现智能导航和导游的功能。通过增强现实技术，还能在景点设置虚拟导览标识，保护景区景点的完整性，实现一个景区预览的功能。可预见的是，未来数年我们将见证 AR/VR 和旅游各环节不断紧密地融合和快速发展的场景。

物联网除了和上述区块链技术、人工智能技术、无人机技术、AR/VR技术结合之外，还可以与可穿戴设备、智能硬件、自动驾驶、机器人、大数据、云计算等结合去解决各种社会、自然问题，帮助人们建设美丽地球，实现美好生活。